高等学校**美容化妆品专业**规划教材
美容化妆品行业职业培训教材

化妆品
微生物检验技术

叶曼红　　刘纲勇　　主　编
孙春燕　　副主编

化学工业出版社

·北京·

内容简介

本书内容包括七章，分为三个部分，第一部分为微生物基本知识，阐述各类微生物的生物学特性、微生物的人工培养及消毒灭菌方法；第二部分为化妆品的微生物监控，介绍化妆品生产过程微生物污染的来源与控制、监测方法、化妆品微生物检验方法及防腐剂防腐效能试验；第三部分为实验项目，包括光学显微镜使用、细菌染色、培养基制备与灭菌、防腐剂的抑菌试验、化妆品微生物检验等11个实验项目。通过使用本教材教学，学生能更好地掌握化妆品微生物及微生物检验的知识目标和能力目标，为后续课程的学习以及以后从事化妆品生产及微生物检验等工作打下基础。

本书既可供化妆品专业学生作为教材，又可以作为化妆品微生物检验人员的培训教材，以及化妆品技术人员的参考书。

图书在版编目（CIP）数据

化妆品微生物检验技术 / 叶曼红，刘纲勇主编. —
北京：化学工业出版社，2021.8（2023.1重印）
高等学校美容化妆品专业规划教材
ISBN 978-7-122-39207-7

Ⅰ.①化… Ⅱ.①叶… ②刘… Ⅲ.①化妆品–微生
物检定–高等学校–教材 Ⅳ.①TQ658

中国版本图书馆 CIP 数据核字（2021）第 099926 号

责任编辑：张双进　　　　　　　　　　文字编辑：陈小滔　朱雪蕊
责任校对：宋　玮　　　　　　　　　　装帧设计：王晓宇

出版发行：化学工业出版社（北京市东城区青年湖南街13号　邮政编码100011）
印　　装：北京科印技术咨询服务有限公司数码印刷分部
710mm×1000mm　1/16　印张14½　字数273千字　2023年1月北京第1版第3次印刷

购书咨询：010-64518888　　　　　　　　售后服务：010-64518899
网　　址：http://www.cip.com.cn
凡购买本书，如有缺损质量问题，本社销售中心负责调换。

定　　价：45.00元

《化妆品微生物检验技术》
编写人员名单

(排名不分先后顺序)

叶曼红　广东食品药品职业学院

刘纲勇　广东食品药品职业学院

谢小保　广东省微生物研究所

胡海艳　广州市微生物研究所

张　亮　广州樊文花化妆品有限公司

刘建瑜　广东美妆品教育科技有限公司

陈健旋　漳州职业技术学院

付柳娟　广东省轻工业技师学院

黄小莹　河南应用技术职业学院

冯灵刚　潍坊职业学院

杨冬兰　广东省轻工业技师学院

郑钢勇　揭阳职业技术学院

刘春杰　广东职业技术学院

祝　玲　广东食品药品职业学院

黄智璇　广东食品药品职业学院

孙春燕　广东食品药品职业学院

朱庆玲　广东食品药品职业学院

郑传奇　广州国标检验检测有限公司

前 言

化妆品微生物检验技术是化妆品专业的核心课程。控制微生物的污染，保障产品的质量贯穿在化妆品的生产、检验、流通和储存的各个环节。化妆品专业培养从事化妆品配制、管理、生产、检验的高素质技能型专门人才，学生需具备必要的微生物学相关知识。本学科同时是一门实用性很强的课程，许多检验方法和技术如微生物接种技术、消毒灭菌技术及微生物学检查技术都直接运用于化妆品生产实践，掌握本学科的基本技能、检验方法对培养学生的专业技能具有重要意义。本教材编写的宗旨是夯实技能、服务专业、对接岗位，其特色为集基础性、适用性、科学性、先进性于一体。

本教材包括七章，分为三个部分。第一部分为微生物基本知识，阐述各类微生物的生物学特性、微生物的人工培养及消毒灭菌方法；第二部分为化妆品的微生物监控，介绍化妆品生产过程微生物污染的来源，控制、监测方法，化妆品微生物检验方法及防腐剂防腐效能试验；第三部分为实验项目，包括光学显微镜使用、细菌染色、培养基制备与灭菌、防腐剂的抑菌试验、化妆品微生物检验等11个实验项目。

本书由叶曼红、刘纲勇任主编。其中，绪论由刘纲勇、刘建瑜编写，第一章由陈健旋、黄小莹编写，第二章由杨冬兰、付柳娟、冯灵刚编写，第三章由刘春杰、郑传奇编写，第四章由张亮、郑钢勇编写，第五章由叶曼红、祝玲编写，第六章由胡海艳、谢小保编写，第七章由孙春燕、黄智璇、朱庆玲编写。全书最后由叶曼红统稿。参编人员都是长期工作在教学、生产、检验第一线，具有丰富教学和实践经验且专业知识水平较高的相关人员，对本课程在化妆品实践中的应用非常熟悉，都主编或参编过多种同类教材，熟悉教学、教材、专业及学生特点，能很好地联系实际应用，切入岗位需求。

因编者水平有限，如有不足之处，恳请读者批评指正。

编者

2021 年 2 月

目　录

绪　论

化妆品企业要获得高品质的产品，必须在设计、生产和销售等方有严格要求，具体来说，化妆品的质量特征离不开产品的安全性、稳定性、实用性，甚至还包括消费者的偏爱性。其中最重要的安全性和稳定性必须通过微生物学及生物化学的理论及方法来保证。而化妆品的产品设计、开发、销售，都贯穿着化妆品对其安全性、稳定性的要求。我国卫生监督部门根据我国化妆品生产的发展及对化妆品的质量要求，陆续制定了一系列法规，如《化妆品监督管理条例》《化妆品卫生规范》《化妆品生产良好操作规范》《化妆品生产许可工作规范》《化妆品安全技术规范》等，这些规范或法规都对微生物检验及其相关内容做出规定，可见微生物学在其中的地位举足轻重。

一、微生物的概念与特点

（一）微生物的概念

微生物是存在于自然界中的一群个体微小、结构简单、肉眼看不见，需借助显微镜才能看清外形的微小生物的统称。微生物不是分类学的名词，是原虫、真菌、细菌、病毒等细小生物的共同称谓。微生物是地球最早的主人，30多亿年前的地球已经有了它的踪迹，广义上也是自然界所有生物的共同祖先，数亿年来不断进化，衍生出植物、动物和人类等多种多样的生命形式，共同构成今天生机盎然、复杂多样的生物界。

（二）微生物的特点

1. 个体微小、结构简单、比表面积大

微生物形体微小，一般以微米（μm，$1\mu m = 10^{-6}m$）表示其大小，病毒则用纳米（nm，$1nm = 10^{-9}m$）表示，通常要借助显微镜放大几百倍、上千倍，甚至几万倍才能看到。微生物结构简单，多数是单细胞生物，一个细胞即为一个独立生命体，绝大多数能独立进行全部的生命活动过程（如生长、呼吸、繁殖等）；有些是简单多细胞生物，没有明显的器官的分化；病毒则没有细胞结构，一般由核酸和蛋白质组成，少数仅含核酸或蛋白质。

微生物的比表面积大，是人的 30 万倍，比表面积大是微生物区别于一切大型生物的关键所在，也是微生物其他特点的本质。

2. 新陈代谢旺盛，转化能力强，繁殖速度快

微生物的比表面积大，有利于吸收营养、排泄代谢废物及接收外界信息，表现为代谢异常旺盛，对营养物质的吸收、转化能力非常强。例如每公斤乙醇酵母菌一天能分解几千公斤的糖类，使它们变成乙醇；有些细菌 1h 可分解相当于其体重 1000 倍的糖类。

旺盛的代谢为微生物提供了物质基础，使其快速生长，繁殖速度惊人，细菌一般 20～30min 即可繁殖一代，如大场埃希菌在适宜的条件下约 20min 繁殖一次，若不停分裂，24h 数量可达 4.72×10^{21} 个细胞，繁殖的菌量非常惊人。但实际上，由于营养物质的消耗，毒性产物的积聚及环境 pH 的改变，细菌绝不可能始终保持原速度无限增殖，经过一定时间后，细菌增殖速度将逐渐减慢，死亡细菌逐渐增加，活菌率逐渐减小。

3. 适应能力强，易发生变异

微生物能够利用的营养物质十分广泛，代谢途径多种多样，使其对环境的适应能力极强，尤其对一些极端恶劣的环境，其适应能力是一般动植物无法比拟的。资料显示，有人从接近 100℃ 的温泉中分离到了高温芽孢杆菌，并观察到该菌在 105℃ 时还能生长；嗜酸菌可以在 pH0.5 的强酸环境中生存；脱氮硫杆菌可在 pH10.7 的环境中活动；在含盐量高达 23%～25% 的"死海"中仍有相当多的嗜盐菌生存；大部分细菌在 -196～0℃ 条件下保藏可以长时间存活。微生物在不良条件下很容易进入休眠状态，某些种类甚至会形成特殊的休眠构造，如芽孢，有些芽孢休眠了几十年，甚至几百年后仍能重新萌发。

由于微生物结构简单、繁殖快，很容易受外界条件的影响而发生变异。虽然生物自然变异的频率较低（10^{-10}～10^{-5}），但由于微生物繁殖速度快，仍可在短时

间内产生大量的变异后代。其变异具有多样性，表现为形态结构、代谢途径、抗原性、毒性、代谢产物等方面发生改变，易发生变异也使微生物在环境剧烈变化的条件下得以生存。实际生活中应尽量防止或减少有害的变异，促进有益的变异，如利用微生物生产代谢产物时，可通过人工诱变筛选高产菌株，提高产量。最典型的例子是青霉素的发酵生产，20世纪40年代初期青霉菌发酵产物中每毫升只含20活性单位左右的青霉素，而现在已接近10万单位了。常见的病原菌耐药性的产生，则是病原菌变异后获得抗药基因的结果，合理使用抗生素能减少耐药菌产生。

4.种类多、数量大、分布广

自然界中存在着极为丰富的微生物资源，目前已确定的微生物有十万种以上，其中真菌约十万种左右，细菌约4000种，病毒约4500种，每年新发现的微生物以几百至上千种的趋势增加。微生物生态学家认为，目前能分离培养的微生物种类可能还不足自然界总数的1%。

自然界中微生物的数量惊人，每克肥沃的土壤中细菌可达25亿个，放线菌孢子可达几千万个，人体肠道中菌体总数可达100万亿左右，全世界海洋中微生物的总质量估计达280亿吨。实际上人们生活在一个充满着微生物的环境中。

在各种环境中，土壤因富含有机质，保温、保湿能力强，酸碱性及气体环境适宜，微生物最为丰富，分布有大量的细菌、真菌和放线菌，其中细菌最多，占土壤微生物的70%～90%。土壤中的微生物大部分对人体有益，它们分解有机物，参与物质循环，也含有少数致病菌如破伤风杆菌、肉毒杆菌、炭疽杆菌的芽孢，它们可以在土壤中存活多年。

自然界的水源是微生物生存的另一主要环境，水中的微生物来自土壤、尘埃、污水、人畜排泄物及垃圾等，主要有细菌、放线菌、病毒、真菌、螺旋体等。其种类及数量因水源不同而异，一般地面水比地下水含菌数量多，并易被病原菌污染，水中的病原菌如伤寒杆菌、痢疾杆菌、霍乱弧菌等主要来自人和动物的粪便及污染物。水源虽不断受到污染，但也经常地进行着自净作用。

空气中的微生物来源于人畜呼吸道的飞沫及地面飘扬起来的尘埃，主要有细菌、放线菌、真菌及病毒等。其种类和数量因环境不同而有所差别，一般室内空气中的微生物比室外多，人口密度大、活动频繁的地方空气中的微生物较多。因为空气中缺乏营养物质及适宜的温度，不适宜微生物的繁殖，而且常常因为阳光照射和干燥作用而被杀死，所以只有抵抗力较强的细菌、真菌、真菌孢子或细菌芽孢才能在空气中存留较长时间。

人体体表及与外界相通的腔道黏膜中也分布有不同种类、不同数量的微生物，这些微生物正常情况对人体有益无害，称为正常菌群。正常菌群的主要生理功能是：

① 生物屏障和拮抗作用；

② 免疫作用；

③ 营养作用；

④ 促进代谢。

一般情况下，正常菌群与机体及外界环境相互制约，保持一种动态平衡，维持机体的健康。如果机体内出现菌群失调、菌群寄居部位改变或免疫力下降，这种平衡关系即被打破，正常菌群可转变为条件致病菌，导致机会性感染。

二、微生物的分类

自然界的生物种类繁多，有多种分类系统，其中广为使用的六界系统将生物分为动物界、植物界、原生生物界、真菌界、原核生物界和病毒界等六个界。微生物界级最宽，除动物界和植物界外的其余四界均统称为微生物。微生物按有无细胞结构分为三种类型。

1. 原核细胞型微生物

原核细胞型微生物均为单细胞结构，最主要特点是 DNA 分布在细胞质中，形成核区或拟核，无核膜包裹，没有核仁，也没有膜性结构的细胞器，核糖体是细胞内唯一的细胞器。此类微生物包括古菌、蓝细菌、细菌、放线菌、螺旋体、支原体、衣原体和立克次氏体等。

2. 真核细胞型微生物

真核细胞型微生物为单细胞或多细胞结构，主要特点是有核膜、核仁，有典型的细胞核结构，细胞器完善，有核糖体和各种膜性结构的细胞器，如内质网、线粒体、高尔基体等。此类微生物包括真菌、藻类、原生动物等。

3. 非细胞结构型微生物

非细胞结构型微生物主要特点是没有细胞膜，没有细胞结构，仅有一种核酸（DNA 或 RNA），一般由核酸和蛋白质构成，有些只含核酸或蛋白质一种组分，必须寄居在专性活细胞内才能体现生命特征，以复制的方式进行繁殖。此类微生物包括病毒和亚病毒。

三、微生物在自然界中的作用

（一）物质循环中的作用

微生物在自然界的物质循环中担负分解者的重任，参与了碳、氮、硫、磷等元素的循环。自然界中，植物及自养型微生物利用光能及无机物，合成各种有机化合物；动物及异养型微生物以植物或其他有机物为营养，维持自身的生命活动。生物排泄物、分泌物、死亡后尸体及人类生活产生的各种垃圾被微生物分解，其中的有机化合物转化为无机物释放到自然界被植物等重新利用，进入新一轮的物质循环，如此周而复始，生生不息。如果没有微生物的分解作用，自然界中各种元素就不可能被循环利用，生态平衡就会破坏，整个生命世界就会灭绝，人类自然也无法生存。

（二）工业生产中的应用

医药工业方面，可以利用微生物生产抗生素、维生素、基因工程药物、生物制品。目前由微生物产生的抗生素就有 5000 种之多，临床应用的已达 300 多种。放线菌是抗生素最主要的来源，现有的抗生素 80％由放线菌产生，又以链霉菌属产抗生素最多，常用的多种抗生素如链霉素、氯霉素、红霉素、万古霉素等均来自放线菌。真菌产生的抗生素主要有青霉素、头孢霉素、灰黄霉素等。细菌产生的抗生素有多黏菌素 E、短杆菌肽、乳链菌肽等。利用微生物生产的基因工程药物有胰岛素、干扰素、白细胞介素、表皮生长因子、乙肝疫苗等。来自微生物的生物制品种类多，用途广，如疫苗、免疫血清、微生态活菌制品、诊断试剂等。

食品工业方面，利用微生物生产食品历史悠久，种类繁多，影响着人类的饮食习惯和健康。既有日常生活不可或缺的调味品和食品添加剂，如酱油、醋、味精、有机酸、微生物色素；也有餐桌上常见的发酵食品和饮品，如豆豉、腌酸菜、面包、酒类、酸奶等；还有具有调节身体机能、维护生命健康的各种保健品，如真菌多糖、蛋白质、多肽、氨基酸、维生素等。

工业方面的其他应用，微生物广泛应用于化工生产、冶金、采油、污水处理、新能源等多个领域。

（三）农业和畜牧业中的应用

农业和畜牧业方面，利用微生物生产农用抗生素、微生物农药、菌肥、催长素、发酵饲料、生产菌体蛋白质饲料、氨基酸、维生素添加剂饲料等。

（四）微生物的危害

微生物的危害主要体现在两大方面：一是引起食品腐败变质、材料发霉腐烂。微生物种类多，食性杂，自然界中的许多物质，如人和动物赖以生存的食物，日常的生活、生产资料都是微生物潜在的营养基质，可以不同程度地被微生物利用，从而导致这些物质霉变、腐烂，有资料显示全球每年因霉变而损失的粮食占总产量的 2％左右。二是引起动植物和人类的疾病。能引起疾病的微生物称为病原微生物，霉菌、病毒可引起上万种植物病变。微生物与人类的许多疾病也密切相关。在人类历史的长河中，微生物究竟夺去多少生命已无法考证，直至现在，虽然医药科技不断发展，医疗卫生水平日益提高，世界卫生组织 2014 年有关全球疾病状况的评估报告数据显示，每年仍有 1000 多万人死于微生物的感染。虽然病原微生物在庞大的微生物大军中只占极少数，但却对人类的生命健康带来严重的威胁，有效地预防和治疗病原微生物的感染是全球医疗卫生人员长期艰辛的任务。

四、微生物学的发展简史

（一）微生物学的经验时期

远在人类认识微生物之前，古人早已开始利用微生物进行工农业生产和疾病防治。酿酒活动在史前便已相当发达，我国在 8000 年以前已经出现了曲蘖酿酒了，4000 多年前已十分普遍，同一时期埃及人也学会了烘制面包和酿制果酒。公元六世纪北魏时期杰出的农学家贾思勰在《齐民要术》一书中记载了酿造酱、醋、乳酪的方法。医药上很早就用茯苓、猪苓、灵芝等真菌治病；用麦曲治消化道疾病；用含有抗菌活性的植物，如黄连、黄柏、白头翁治疗传染病；用硫黄、水银治疗皮肤病。长久以来民间常用盐腌、糖渍、烟熏、风干等方法保存食物，实际上正是通过抑制微生物的生长繁殖从而防止食物的腐烂变质。

（二）微生物的形态学时期

1676 年荷兰人安东尼·列文虎克（图 0-1，Antony Van Leeuwenhoek，1632～1723）用自己磨制的显微镜（放大倍数 50～300 倍）首先从牙垢、污水、粪便等材料中观察到了细菌和原生动物，首次描述了细菌的形态，揭开了人类认识微生物世界的序幕，开启了微生物形态学研究时期。列文虎克也被认为是微生物学的引路人，他将人类的目光引向丰富多彩的微生物世界。

图 0-1　安东尼·列文虎克

（三）实验微生物学时期

自发现细菌后的 200 年间微生物的研究基本停滞在形态描述和分门别类阶段。直到 19 世纪中期，以巴斯德和柯赫为代表的科学家才将微生物的研究从形态学时期推进到生理生化学水平，他们以自己卓越的贡献推动着微生物学快速发展。

1. 巴斯德

巴斯德（图 0-2，Pasteur，1822～1895）是法国著名的微生物学家、化学家，他在微生物发酵、细菌培养、病原微生物和疫苗等方面研究取得重大成就，从而奠定了工业微生物学和医学微生物学的基础，开创了微生物生理学时代，被后人誉为"微生物学奠基人"。巴斯德在微生物方面的主要贡献有以下几个方面：

图 0-2　路易斯·巴斯德

（1）证明自然发生说是错误的　巴斯德用实验证明细菌不是自然发生的，而是由原来已经存在的细菌产生的。

（2）发酵方面的研究　巴斯德通过对酒精发酵的研究提出酿酒是微生物参与下发生的生物过程，酵母菌是将糖转化为乙醇的微生物，否定了乙醇发酵是纯粹化学反应过程的观点。巴斯德认为一切发酵可能都与微生物生长繁殖有关，他还发现了乳酸发酵、乙酸发酵和丁酸发酵均由不同细菌引起，进一步为研究微生物的生理生化奠定了基础。

（3）发明巴氏消毒法　巴斯德发现乳酸杆菌污染是导致酒变酸的原因。经过反复试验，他找到了一个简便有效的方法，将酒放在 63℃ 左右保持 30min，即可杀死酒里的乳酸杆菌，防止酒变酸。这种方法不会破坏酒原有的风味和营养，这就是著名的巴氏消毒法，也称为低温消毒法。这个方法经改进后广泛用于酒类、奶类、糖浆、果汁等不耐热液态食品的消毒。

（4）病原微生物与免疫预防　巴斯德从解决蚕软化病开始，先后投身于鸡霍乱、动物炭疽及狂犬病的研究，证明了这些传染病均由相应的病原微生物引起。在试验中巴斯德发现某些病原微生物经特殊培养后可以减轻毒力，用减毒的微生物接种动物，不会致病，但可使动物获得免疫作用，从而预防疾病的发生。通过不断努力巴斯德找到了预防鸡霍乱及动物炭疽的免疫方法，并首次成功制成了狂犬疫苗，为免疫学奠定了基础，为人类预防疾病做出重大贡献。

巴斯德的研究不仅开创了微生物生理生化时代，奠定了微生物学的理论基础，同时阐明了微生物与自然界、人类生活以及健康的关系，为微生物学发展做出了不朽的贡献。

2. 科赫

罗伯特·科赫（图 0-3，Robert Koch，1843～1910）是德国著名的细菌学家，又称为"细菌学之父"，他在微生物学方面的贡献主要有以下几个方面。

（1）发明固体培养基，创立了分离纯培养方法　科赫发明了固体培养基，用

图 0-3 罗伯特·科赫

它代替液体培养基，可将环境或病人排泄物等标本中呈混杂状态的微生物分离成单一菌落，得到纯培养，从而建立了微生物的纯培养技术，开创了微生物分离纯化的新纪元。利用此方法到 19 世纪末，几乎所有重要的病原菌都先后被分离培养成功。

（2）建立了细菌涂片染色方法 科赫首先利用苯胺染料对微生物涂片进行染色，使细菌着色，便于区分。同时改进了显微镜的装置，可以对显微镜下的细菌进行拍照，从而创立了显微拍摄技术。

（3）提出科赫法则 1884 年，科赫提出了证明某种微生物是否为某种疾病病原体的基本原则——科赫法则，该法则的基本内容是：

① 病原体应在所有患同一种疾病的动物中发现，而在健康个体中不存在。

② 应能在患病动物中分离获得该病原体的纯培养。

③ 将纯培养物接种健康敏感动物后能引起同样的疾病。

④ 应在人为感染的动物体内重新分离出该病原体。

在这一法则的指导下，自 19 世纪 70 年代至 20 世纪 20 年代相继发现了一百多种病原微生物。

（4）分离到多种病原菌 利用纯培养技术，科赫先后分离出炭疽杆菌（1877年）、结核分枝杆菌（1882 年）和霍乱弧菌（1883 年）。他还发现结核菌素可用来诊断结核病，并提出结核病的防治原则。为褒奖科赫在结核分枝杆菌系列研究中所取得的成就，1905 年他被授予诺贝尔生理学或医学奖。

由于巴斯德和科赫等科学家杰出的贡献，微生物学逐渐发展成为一门独立的学科。

3. 伊万诺夫斯基

1892 年俄国学者伊万诺夫斯基（D. Iwanowski，1864～1920）在研究烟草花叶病的病因时，发现其病原体是一种比细菌小、能通过细菌过滤器的有机体，他把这种病原体叫做"滤过性病毒"。1898 年，荷兰的细菌学家贝杰林克（Beijerinck）再次证明了伊万诺夫斯基的发现，他用"病毒"来命名这种致病因子。后来，科学家莱夫勒（F. Loeffler，1852～1915）和弗罗施（P. Frosh）在研究动物的口蹄疫时，证明了口蹄疫也是由"滤过性病毒"引起的。伴随科学家不懈努力，"病毒"这种没有细胞结构的生命形式逐渐进入了人类的视野，伊万诺夫斯基是世界上第一位发现病毒的人，被后人誉为"病毒学之父"。

4. 弗莱明

亚历山大·弗莱明（图 0-4，Alexander Fleming，1881～1955）是英国微生

物学家，1929年，弗莱明在实验室分离培养金黄色葡萄球菌时，无意中发现一株青霉能产生具有杀菌作用的物质，将该物质命名为青霉素。弗莱明指出，青霉素或者性质与之类似的化学物质有可能用于脓毒性创伤的治疗，但他对青霉素的分离提纯技术及治疗应用方面未做进一步的研究，致使青霉素十几年一直未得以使用。1940年，澳大利亚病理学家弗洛里（Florey）和侨居英国的德国生物化学家钱恩（Chain）合作，在美英两国政府的资助下重新研究青霉素的性质、化学结构、纯化方法，提纯了青霉素，阐明其临床抗感染价值。1942年与美国制药企业合作开始大批量发酵生产青霉素，开创了现代发酵学时代，极大提高了青霉素的产量。当时正值二战期间，青霉素拯救了千百万伤病员的生命，直到今天，它仍是流行最广、应用最多的抗生素。这一造福人类的贡献使弗莱明、钱恩和弗洛里共同获得了1945年诺贝尔生理学或医学奖。

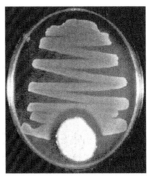

图0-4　亚历山大·弗莱明

青霉素的发现和应用是抗生素发展史上的一个里程碑，它极大地鼓舞了微生物学家，随后链霉素（1944年）、氯霉素（1947年）、金霉素（1948年）、土霉素、四环素、红霉素（1951年）等抗生素不断被发现并广泛应用于临床，在传染病的治疗和控制上起了十分重要的作用。

（四）现代微生物学时期（20世纪以后）

19世纪中～20世纪初微生物研究已成为一门独立的学科。近几十年来，随着生物化学、遗传学、分子生物学、病理学、药物学的发展，以及显微技术、分析检测技术、疾病诊断技术、计算机应用技术的进步，促进了微生物学全面发展，分化出多个分支学科，并与其他学科交叉、融合，推动了生命科学和其他学科的全面发展。

五、化妆品微生物学的发展简史

化妆品学和微生物学的结合与发展是从20世纪30年代之后才开始的。

1. 20 世纪 30 年代

这个时期化妆品中出现的许多微生物问题主要是霉菌污染引起的，于是开始了防腐剂的研究。其中，尼泊金酯因其具有抗真菌活力而众所周知，并成为常用的防腐剂之一。

2. 20 世纪 40 年代

这个时期化妆品工业发展且持续繁荣，但是随着化妆品的大量生产，一些问题，如化妆品毒性及环境污染，日益严重。于是，微生物的监管对化妆品而言更加重要。尼泊金酯依然是主要的防腐剂，但各大化妆品企业开始进行新的防腐剂的研发，也首次将细菌列入防腐剂的试验中。

3. 20 世纪 50 年代

这个时期抗生素的发展突飞猛进，也推进了化妆品工业的发展，出现了含有抗菌性能的皮肤清洁剂、牙膏、防臭剂、防臭香皂、抗头皮屑香波以及外科手术清洁剂等。与此同时，微生物学家积极进行新抗生素的效能和新防腐剂的研究，推广了一系列防腐效能试验。

4. 20 世纪 60 年代

在此之前，化妆品行业在所有消费者产品行业是最缺少监管的。当时，瑞典科学家 Kallings 在调查报告中指出：未经灭菌的药品和化妆品会受到污染。美国的食品药品监督管理局（FDA）报告也指明化妆品污染发生率高达 25%。因此，美国化妆品、纸制品及香料协会迅速建立微生物品质保证委员会，用来调查微生物污染情况并建立化妆品工业的技术指导方针。

5. 20 世纪 70 年代

这个时期，美国化妆品、纸制品及香料协会出版了化妆品关于良好操作规范和微生物实践操作的技术指南，指导企业进行卫生清洁，化妆品工业的污染也下降到 2% 左右。

20 世纪 70 年代后半期，发生了睫毛膏因污染铜绿假单胞菌，在消费者使用过程中细菌不断繁殖，而导致数起消费者眼睛失明的事件。于是，眼用化妆品受到特殊审查，企业也因此将微生物控制的范围从生产过程扩大到消费者的使用过程，各大相关机构加大开展防腐剂的效能试验。

6. 20 世纪 80 年代

美国 FDA（食品食品药品监督管理局，Food and Drug Administration）开展了大量的防腐效能体外试验，以预知消费者因微生物污染而遭到危害的可能性。

7. 20世纪90年代至今

从1990年，美国化妆品、纸制品及香料协会联合美国FDA、美国分析化学家协会（Association of Official Analytical Chemists，AOAC）进行标准的防腐效能试验开始，到今天各大化妆品企业及相关机构持续不断的改良防腐效能试验，大家发现只要微生物适应了防腐剂系统并存活下来，化妆品就没有安全可言，所以新型防腐剂的开发和使用非常重要。除了添加防腐剂进行使用及储存的防腐，严格的生产环境、工艺用水、机器设备、操作人员等的卫生情况对于化妆品的卫生安全也是非常需要的。

未来的工作将遇到许多意想不到的问题，我们必须时刻提高作战能力，才能在未来的战争中取胜。

第一章
微生物概论

第一节　细菌

细菌是一类具有细胞壁、以无性二分裂方式繁殖的原核单细胞结构型微生物。细菌细胞无核膜和核仁，无典型的细胞核，核糖体是它唯一的细胞器，在适宜的条件下有相对稳定的形态与结构。细菌种类繁多，在自然界分布广泛，与人类关系密切。

一、细菌的形态与大小

（一）细菌的大小

细菌形体微小，通常以微米（$1\mu m=10^{-6}m$）作为测量大小的单位，肉眼的最小分辨率为 0.1mm，观察细菌要用光学显微镜放大几百倍到上千倍才能看到。

（二）细菌的形态

细菌的基本形态是球形、杆状和螺旋形，相应的分为球菌、杆菌和螺旋菌三类（图 1-1）。

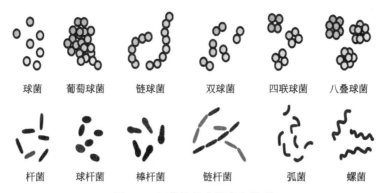

球菌　　葡萄球菌　　链球菌　　双球菌　　四联球菌　　八叠球菌

杆菌　　球杆菌　　棒杆菌　　链杆菌　　弧菌　　螺菌

图 1-1　细菌的基本形态和排列

1. 球菌

呈圆球形或近似圆球形，有的呈矛头状或肾状，单个球菌的直径为 0.8～1.2μm。根据繁殖时细菌细胞分裂方向、分裂后细菌粘连程度及排列方式不同可分为以下几种。

（1）双球菌　分裂后的两个子代菌体不分离、成对排列，如肺炎双球菌、脑膜炎奈瑟菌。

（2）链球菌　细菌的分裂面相互平行，分裂后子代菌体粘连不分开，排列成链状，如溶血性链球菌。

（3）四联球菌　细菌在两个相互垂直平面上连续分裂两次，分裂后的 4 个子代菌体排列在一起呈正方形，如四联微球菌。

（4）八叠球菌　细菌在三个互相垂直的平面上连续分裂三次，产生的八个菌体重叠呈立方体状，如藤黄八叠球菌。

（5）葡萄球菌　细菌在几个不规则的平面上分裂，子代菌体粘连堆积在一起呈葡萄串状排列，如金黄色葡萄球菌。

球菌是细菌中的一大类，对人类有致病性的病原性球菌主要引起化脓性炎症，又称为化脓性球菌。

2. 杆菌

不同杆菌的大小、长短、弯度、粗细差异较大。大多数杆菌中等大小，长 2～5μm，宽 0.3～1μm。菌体的形态多数呈直杆状，也有微弯，两端多数呈钝圆形，少数两端平齐（如炭疽杆菌）或两端尖细（如梭杆菌）或末端膨大呈棒状（如破伤风杆菌、白喉杆菌）。杆菌一般分散存在，无一定的排列形式，偶有成对或链状，个别呈八字状或栅栏状特殊方式排列，如白喉杆菌。

3. 螺旋菌

螺旋菌菌体弯曲，根据弯曲度的数量，可分为弧菌和螺菌。

（1）弧菌　菌体只有一个弯曲，呈弧状或逗点状，如霍乱弧菌。弧菌属广泛分布于自然界，尤以水中为多，有一百多种。

（2）螺菌　菌体有数个弯曲，如幽门螺杆菌。

细菌形态可受各种理化因素的影响。一般说来，在适宜的生长条件下培养8～18h的形态较为典型，而幼龄的形体较长，当细菌衰老或在陈旧培养物中或环境中有不适于生长的物质（如药物、抗生素、抗体、过高的盐分等）时，常出现不规则的形态，如梨形、气球状、丝状等。这种由环境条件改变而引起细菌形态的变化称为多形性。这种变化是暂时的，如果恢复合适的生存条件，其形态可恢复正常，故观察细菌形态特征时，应选择典型形态进行观察。

二、细菌的结构

细菌的结构分为基本结构和特殊结构。各种细菌都具有的结构称为基本结构，包括细胞壁、细胞膜、细胞质和核质，基本结构是所有细菌生存所必需的结构，一旦遭受破坏，易导致菌体死亡；某些细菌在特定环境条件下才形成的结构称为特殊结构，包括鞭毛、芽孢、菌毛和荚膜(图1-2)，特殊结构的缺失不影响细菌的生存。

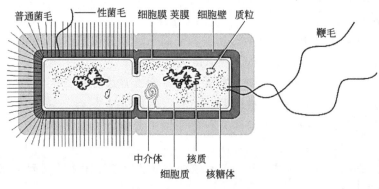

图1-2　细菌的结构模式图

（一）基本结构

1. 细胞壁

细胞壁是紧贴细菌细胞膜外的一层坚韧而富有弹性的网状结构，厚15～80nm，可承受细胞内强大的渗透压而不被破坏。

细菌的细胞壁结构和成分较复杂，用革兰氏染色法可将细菌分为革兰氏阳性（G^+）菌和革兰氏阴性（G^-）菌两大类，它们的细胞壁结构和成分有较大的差异。

（1）细胞壁的成分与结构　肽聚糖是各种细菌细胞壁的共有成分，但革兰氏阳性菌与革兰氏阴性菌的肽聚糖含量、组成和结构有较大差异（表1-1）。革兰氏阳性菌细胞壁较厚为15～80nm，肽聚糖含量丰富，有15～50层，占细胞壁干重的50％～80％。而革兰氏阴性菌细胞壁较薄为10～15nm，肽聚糖只有1～3层，占细胞壁干重的5％～15％。

表1-1 革兰氏阳性菌与革兰氏阴性菌细胞壁结构的比较

特征	G⁺细菌	G⁻细菌
结构	三维结构	二维结构
强度	较坚韧	较疏松
厚度	厚，15～80nm	薄，10～15nm
肽聚糖含量	多，占细胞壁的50％～80％	少，占细胞壁的5％～15％
肽聚糖	层数多，可达50层	少，1～3层
磷壁酸	有	无
外膜	无	有
对机械力	抗性强	抗性弱
对青霉素、磺胺、溶菌酶	敏感	敏感性弱
对链霉素、氯霉素等	敏感性弱	敏感
产毒素	外毒素	内毒素为主

肽聚糖是由肽聚糖单体聚合而成的网状大分子。革兰氏阳性菌的肽聚糖单体由聚糖骨架、四肽侧链及五肽交联桥组成。这种纵横交错的连接方式，形成了结构致密、交联度高、机械强度较大的三维网络结构［图1-3(a)］。革兰氏阳性菌的肽聚糖可达15～50层，结构厚且密。

革兰氏阴性菌的肽聚糖单体由聚糖骨架及四肽侧链组成，没有五肽交联桥。其聚糖骨架与革兰氏阳性菌相同，但四肽侧链的氨基酸种类及交联方式有差异，且交联度低，仅形成二维平面结构，所以其结构较为疏松［图1-3(b)］。革兰氏阴性菌的肽聚糖只有1～3层，结构薄而疏。

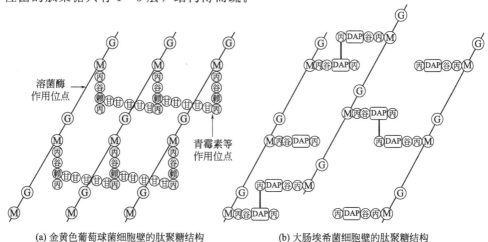

(a) 金黄色葡萄球菌细胞壁的肽聚糖结构　　　　(b) 大肠埃希菌细胞壁的肽聚糖结构

图1-3 细菌细胞壁的肽聚糖结构

凡能破坏肽聚糖结构或抑制其合成的物质，都能损伤细胞壁而使细菌变形或杀伤细菌。例如，溶菌酶能切断肽聚糖中 N-乙酰葡萄糖胺和 N-乙酰胞壁酸之间的 β-1,4 糖苷键，破坏聚糖骨架，引起细菌裂解，环丝氨酸、磷霉素可抑制聚糖骨架的形成；万古霉素、杆菌肽抑制四肽侧链的连接；青霉素和头孢菌素抑制四肽侧链与五肽交联桥的交联作用，使细菌不能合成完整的细胞壁，从而导致细菌死亡。通常 G^- 对溶菌酶没有 G^+ 敏感，是因为 G^- 外膜层的屏障作用，使溶菌酶不易到达作用的靶部位。人和动物细胞无细胞壁结构，亦无肽聚糖，故这类抗菌药物对人和动物无毒性作用。

　　除肽聚糖外，革兰氏阳性菌和革兰氏阴性菌的细胞壁各有其特殊成分。

　　革兰氏阳性菌细胞壁的特有成分是磷壁酸[图 1-4(a)]，其含量随培养基成分而变化，一般占细胞壁干重的 10%。磷壁酸的主要功能是：

　　① 抗原性很强，是革兰氏阳性菌的重要表面抗原；

　　② 在调节离子通过肽聚糖中起作用；

　　③ 与某些酶的活性有关；

　　④ 某些细菌的磷壁酸，能黏附在人类细胞表面，其作用类似菌毛，可能与致病性有关；此外磷壁酸还是某些噬菌体的吸附性受体。

　　革兰氏阴性菌细胞壁的特有成分是外膜，位于肽聚糖的外侧，由脂蛋白、脂质双层、脂多糖三部分组成[图 1-4(b)]。

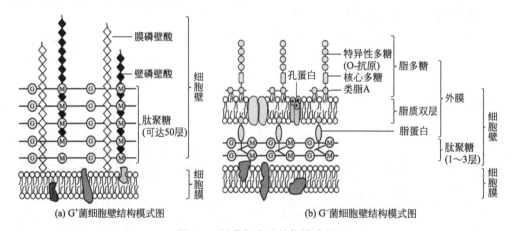

图 1-4　细菌细胞壁结构模式图

　　① 脂质双层。革兰氏阴性菌细胞壁的主要结构，由两层脂质分子组成，中间分布孔蛋白，除了转运营养物质外，还有屏障作用，能阻止多种物质透过，抵抗许多化学药物。溶菌酶对革兰氏阴性菌的杀菌作用弱就是因为这一原因。

　　② 脂蛋白。起连接作用，其功能是使外膜与肽聚糖构成一个整体，脂蛋白一端以蛋白质部分连接于肽聚糖的四肽侧链上，另一端以脂质部分连接于脂质双层的磷脂上。

③脂多糖（LPS）。位于革兰氏阴性菌细胞壁最外层，由类脂 A、核心多糖、特异性多糖三部分组成，习惯上将脂多糖称为细菌内毒素。类脂 A 是一种糖磷脂，分布在脂多糖的最内层，是细菌内毒素生物活性成分，为革兰氏阴性菌的致病物质，无种属特异性，各种革兰氏阴性菌内毒性引起的毒性作用都大致相同。

革兰氏阳性菌和革兰氏阴性菌的细胞壁成分与结构（图 1-4）显著不同，导致这两类细菌在理化性质、染色性、抗原性、毒性及对某些药物的敏感性等方面存在很大差异（表 1-1）。

（2）细胞壁的功能

① 维持细菌形态。

② 保护细菌抵抗低渗环境。

③ 与细胞膜共同参与细胞内外的物质交换的功能。

④ 与细菌的耐药性、致病性、抗原性以及对噬菌体的敏感性有关。

2. 细胞膜

细胞膜是位于细胞壁内侧、紧裹在细胞质外、具有弹性的半渗透性生物膜，约占细胞干重的 10%，主要由磷脂、蛋白质和糖组成。在电子显微镜下，呈明显的双层结构：在上下两暗色层间夹着一浅色的中间层，每一个磷脂分子由一个带正电荷且能溶于水的极性头部（磷酸端）和一个不带电荷、不溶于水的非极性尾部（烃端）构成。极性头部朝向膜的内外两个表面，呈亲水性；非极性尾部则埋藏在膜的内层，形成磷脂双分子层。其中分布各种功能的蛋白质（图 1-5），因构成细胞膜的分子具有运动性，细胞膜的这种结构模

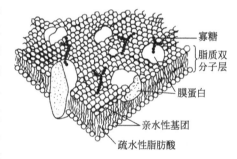

图 1-5　细菌细胞膜结构模式图

式称为液态镶嵌模式。糖基分布在细胞膜的非胞质面，与膜蛋白或膜脂分子结合成糖蛋白或糖脂。

（1）细胞膜的功能

① 具有选择性渗透作用，与细胞壁共同完成菌体内外的物质交换。

② 膜上有多种呼吸酶，参与细胞的呼吸过程。

③ 膜上有多种合成酶，参与生物合成过程。

（2）细菌细胞膜的其他结构

① 中介体。用电子显微镜观察，可以看到由细胞膜向胞浆内陷、折叠、弯曲形成的管状、囊状结构，称为中介体（图 1-6）。中介体与细胞的分裂、呼吸、胞壁合成和芽孢形成有关，多见于革兰氏阳性菌。

② 周质间隙。存在于革兰氏阴性细菌的细胞膜与细胞壁之间的空隙，有丰富

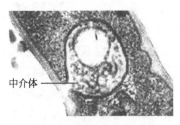

图1-6 白喉杆菌的中介体

的蛋白质和酶类，与营养物质的分解、吸收和转运有关，能破坏某些抗生素的酶（如青霉素酶）也在此间隙内。

3. 细胞质

细胞质又称为原生质，为无色透明黏稠的胶状物，基本成分是水、糖、蛋白质、脂类、核酸及少量无机盐，是细菌的内环境。细胞质内含有丰富的酶系统，是细菌合成和分解代谢的主要场所，细胞质中还有多种重要颗粒状结构。

（1）质粒　质粒是细菌核质外的遗传物质，游离于细胞质中，为闭合环状双链DNA分子，分子量比核质小，为1～200kb。质粒携带某些特殊的遗传信息，编码如细菌的耐药性、产抗生素、色素、性菌毛等一些次要性状。质粒能进行独立复制及转移，是细菌生存所非必需的结构，失去质粒的细菌仍能正常存活。

（2）核糖体　又称核蛋白体，是细菌细胞中唯一细胞器。核糖体无生物膜包裹，呈颗粒状结构，由70%的RNA和30%的蛋白质组成。细胞中约90%的RNA存在于核糖体中，当mRNA与核糖体连成多聚核蛋白体后，就成为合成蛋白质的场所。原核细胞完整的核蛋白体沉降系数为70S，由50S和30S两个亚基组成，是许多抗菌药物选择作用的靶点，如链霉素能与30S亚基结合、红霉素能与50S亚基结合，从而干扰细菌蛋白质的合成而导致细菌的死亡。

（3）胞质颗粒　大多数为细菌细胞的营养储藏物，包括多糖、脂类、多聚磷酸盐等。较为常见的是储藏高能磷酸盐的异染颗粒，嗜碱性较强，用特殊染色法可以看得更清晰。根据异染颗粒的形态及位置，可以鉴别细菌。

4. 核质

核质又称拟核、类核，由裸露的闭合环状双链DNA缠绕而成，长度为0.25～3mm，是细菌遗传变异的物质基础，含细菌生存所必需的遗传信息，决定细菌重要的遗传特征，严重损伤会导致细菌死亡。细菌的核质多集中在菌体中部，无核膜包裹，不形成核仁，一般呈球状、棒状或哑铃状。

（二）特殊结构

1. 芽孢

某些细菌在不利于生存的环境条件下，核质和胞质脱水浓缩，在细胞内形成一个厚壁、致密、圆形或椭圆形、折光性强的休眠结构，称为芽孢（图1-7），主要由革兰氏阳性菌产生。芽孢多于代谢末期形成，与营养物质的缺乏、代谢产物的积累等生存不利因素有关，但芽孢能否形成是由细菌的芽孢基因决定的。在合适的营养和温度条件下，一个芽孢萌发成一个新的菌体，因此芽孢不是细菌的繁殖体，只是处于代谢相对静止的休眠体。

芽孢的主要功能是抵抗不良环境。芽孢在自然界分布广，抵抗力强，是生物界抗逆性最强的生命体之一，对热、干燥、辐射、化学药物等理化因素均有强大的抵抗力。有的芽孢在自然界可存活长达数十年之久，有的可耐100℃沸水煮沸数小时，用一般的方法不易将其杀死，杀灭芽孢最可靠的方法是高压蒸汽灭菌法。当进行培养基、无菌药品、医疗器械、敷料、手术用具等灭菌处理时，应以是否杀灭芽孢作为判断灭菌效果的指标。

芽孢对理化因素抵抗力强可能与以下因素有关：

① 芽孢的含水量少，因此蛋白质受热不易变性。

② 芽孢壁厚且结构致密，利于抵抗不良因素的侵入和危害。

③ 芽孢体内含有大量耐热性强的2,6-吡啶二羧酸钙盐，能抵抗高温环境。

芽孢的形状、大小以及在菌体中的位置因菌种而异。例如炭疽杆菌的芽孢为卵圆形，比菌体小，位于菌体中央；破伤风杆菌芽孢正圆形，比菌体大，位于顶端，如鼓槌状。这些形态特点有助于细菌的鉴别（图1-8）。

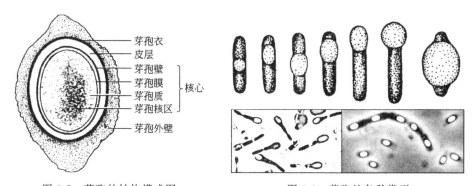

图1-7 芽孢的结构模式图　　　　　图1-8 芽孢的各种类型

2. 荚膜

荚膜是有些细菌在一定条件下向细胞壁外分泌的一层黏液性物质，厚度在0.2μm以上称为荚膜，染色处理后在普通显微镜下可以看见，如肺炎球菌荚膜（图1-9）。厚度在0.2μm以下的称为微荚膜。荚膜的化学成分因菌种而异，一般为多糖或多肽，如肺炎球菌、脑膜炎奈瑟球菌等的荚膜由多糖组成，少数细菌如炭疽杆菌荚膜为含D-谷氨酸的多肽。荚膜不易着色，要用墨汁负染色法或特殊荚膜染色法才能看清。

一般在机体内或营养丰富的培养基中细菌才能形成荚膜。有荚膜的细菌在固体培养基上形成光滑

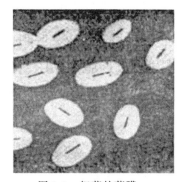

图1-9 细菌的荚膜

型(S)或黏液型(M)菌落，失去荚膜后菌落变为粗糙型（R）。

荚膜的功能如下：

① 抗吞噬和抗杀菌物质作用：保护细菌免遭吞噬细胞的吞噬和消化，抵抗补体、抗体和抗菌药物的杀伤作用，与细菌的毒力有关。

② 抗干燥作用：荚膜能贮留水分使细菌具有抗干燥能力。

③ 储存养料：在营养匮乏的环境，荚膜可作为菌体的营养物质而被分解利用。

④ 可使菌体附着于机体组织的表面，如某些链球菌的荚膜物质黏附于人的牙齿而引起龋齿。

3. 鞭毛

鞭毛是某些细菌伸出菌体外细长而弯曲的蛋白质丝状物，其数目为一至数十根。鞭毛的长度常超过菌体若干倍，但直径很小，通常为 10～30nm，须用电镜观察，或用特殊的鞭毛染色法，可以在普通光学显微镜下看到（图 1-10），不用显微镜，通过细菌在半固体培养基中的培养现象也可判断细菌是否具有鞭毛。

按鞭毛的数目、位置和排列不同，可分为：

① 偏端单毛菌：一个菌体只有一根鞭毛，位于菌体的一端，如霍乱弧菌。

② 端毛菌：两端各有一根鞭毛，如空肠弯曲菌。

③ 丛毛菌：在菌体的一端或两端有一丛或两丛鞭毛，如铜绿假单胞菌、红色螺菌。

④ 周毛菌：菌体周身分布鞭毛，如大肠埃希菌、伤寒沙门菌、枯草芽孢杆菌等（图 1-11）。

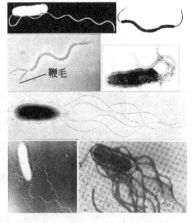

图 1-10 显微镜下的各类鞭毛

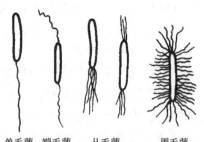

单毛菌 端毛菌 丛毛菌 周毛菌

图 1-11 细菌鞭毛的类型

鞭毛的功能如下。

① 细菌的运动器官，具有运动功能：鞭毛往往具有化学趋向性，常朝向有高浓度营养物质的方向移动，而避开对其有害的环境。没有鞭毛的细菌只能因水分子的撞击而产生原地的颤动。

② 可用于鉴别细菌：鞭毛蛋白具有很强的抗原性，称为 H 抗原，对某些细菌的鉴定、分型及分类具有重要意义。

③ 与致病性有关：如霍乱弧菌、空肠弯曲菌等的鞭毛运动活泼，可帮助细菌穿过小肠黏膜表面的黏液层，使细菌易于黏附组织而导致疾病发生。

4. 菌毛

菌毛是遍布细菌表面、比鞭毛更为纤细、短而直的蛋白质丝状物，又叫做纤毛。与细菌的运动无关，在光学显微镜下看不见，须用电镜才能观察到（图 1-12）。菌毛主要分布于许多 G^- 菌及少数 G^+ 菌。

根据形态和功能的不同，菌毛可分为普通菌毛和性菌毛两种。

（1）普通菌毛　普通菌毛短、细、直，遍布于菌体表面，能与宿主黏膜表面的受体相互作用，具有黏附细胞（如红细胞、上皮细胞等）和定居于各种细胞表面的能力。与细菌的致病性密切相关，无普通菌毛的细菌则易被黏膜细胞的纤毛运动、肠蠕动或尿液冲洗而被排除，不易引起疾病。

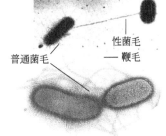

图 1-12　细菌的菌毛

（2）性菌毛　性菌毛比普通菌毛粗且长，是中空的管状结构，1~4 根。性菌毛由 F 质粒携带的基因编码，又称 F 菌毛。带有性菌毛的细菌称为 F^+ 菌株或雄性菌株，无性菌毛的细菌称为 F^- 菌株或雌性菌株。性菌毛通过其中空的管状结构，可以在细菌之间传递某些遗传物质，如细菌的毒性及耐药性基因即可借此传递，这是某些肠道杆菌容易产生耐药性的原因之一。

三、细菌的繁殖方式与生长规律

（一）细菌的繁殖方式

细菌以无性二分裂方式繁殖。细菌吸收营养物质生长到一定阶段，核质 DNA 复制，各种细胞成分增加，胞体增大，细胞开始分裂。分裂的基本过程是：质膜从中间凹陷成中介质，向两端移动，复制好的 DNA 先拉长呈哑铃形，直至分开，细胞中间逐渐形成横隔，一个母细胞分裂成两个大小相等的子细胞（图 1-13）。分裂形成的子细胞一般很快分离，但有的粘连不分开，则形成多种排列方

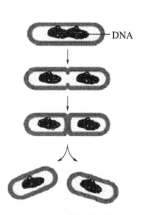

图 1-13　细菌的分裂过程

式，如双球菌、链球菌、葡萄球菌等。

（二）细菌的繁殖速度

细菌分裂倍增的必需时间称为代时。细菌代时的长短取决于细菌的种类，同时又受环境条件的影响。细菌繁殖速度极快，代时一般为 20～30min，个别菌较慢，如结核分枝杆菌繁殖一代需 15～18h。若以大肠埃希菌的代时为 20min 计算，在最佳条件下 8h 后，1 个细胞可繁殖到 1600 多万，10h 后可超过 10 亿，24h 后细菌繁殖的数量可庞大到难以计算。但实际上，由于细菌繁殖中营养物质的消耗、毒性产物的积聚及环境 pH 的改变，细菌绝不可能始终保持原速度无限增殖，经过一定时间后，细菌活跃增殖的速度逐渐减慢，死亡细菌增加、活菌数减少。

（三）细菌的生长曲线

将一定数量的细菌接种于适当的培养基，定时取样计数，以培养时间为横坐标，细菌数的对数为纵坐标，可画出一条曲线，称为细菌的生长曲线（图 1-14）。它可用来研究细菌生长过程的规律及指导实践工作。

细菌群体的生长繁殖可分为四个时期：迟缓期、对数期、稳定期和衰退期。

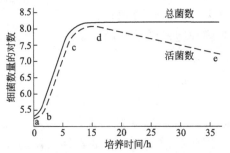

a～b 迟缓期；b～c 对数期；c～d 稳定期；d～e 衰退期

图 1-14　细菌的生长曲线

1. 迟缓期

细菌接种至培养基后，适应环境、繁殖前的准备时期，一般为 1～4h。此期的细菌不分裂，菌数不增加，细胞体积增大，代谢活跃，为细菌的分裂储备了充足的酶、能量及中间代谢产物。

2. 对数期

又称指数期，培养 8～18h。此期的细菌生长繁殖迅速，菌数以几何级数增长。此期细菌形态、染色性、生物活性都很典型，对外界环境因素的作用敏感，是研究细菌的形态、染色性，做药敏试验的最佳时期，发酵工业应以对数期培养物作为发酵种子。

3. 稳定期

由于培养基中营养物质消耗、毒性产物（有机酸、H_2O_2 等）积累、pH 下降等不利因素的影响，此期细菌繁殖速度渐趋下降，细菌繁殖数和死亡数趋于平衡，细菌的形态和生理特性逐渐发生改变。细菌的芽孢多在此期形成，并产生次级代谢产物，如外毒素、抗生素、有机酸、维生素等。

4. 衰退期

由于各种生存条件越来越不利，此期的细菌繁殖越来越慢，死亡数超过繁殖数，菌体细胞变长、肿胀或畸形衰变，甚至菌体自溶，生理代谢活动趋于停滞。

掌握细菌的生长规律，对于研究细菌生理和生产实践有重要指导意义。如在生产中可选择适当的菌种、菌龄、培养基以缩短迟缓期；在需做最后灭菌处理的无菌制剂制备中就要把灭菌工序安排在迟缓期以减少热原的污染，培养基制备好后要及时灭菌；在实验室工作中，应尽量采用处于对数期的细菌作为实验材料；在发酵工业上，用处在对数期的菌种缩短迟缓期，为了得到更多的代谢产物，可适当调控和延长稳定期；芽孢在衰退期成熟，有利于菌种的保藏。

四、细菌的致病性

细菌在机体内寄居、增殖并引起疾病的性能称为细菌的致病性或病原性，凡具有致病性的细菌称为病原菌或致病菌。

细菌的致病性与其毒力、侵入机体的数量、侵入机体途径及机体的免疫力密切相关。

（一）毒力

毒力是指细菌致病性的强弱程度。不同细菌的毒力各异，并可因宿主种类及环境条件不同而发生变化，同一种细菌也有强毒、弱毒与无毒菌株之分。细菌的毒力常用半数致死量（LD_{50}）或半数感染量（ID_{50}）表示，其含义是在一定时间内，通过适宜的途径，使一定体重的某种实验动物半数死亡或半数被感染所需的最少的细菌数或细菌毒素量。

构成细菌毒力的主要因素是侵袭力和毒素。

1. 侵袭力

侵袭力是指细菌突破机体的防御机能，在体内定居、繁殖及扩散蔓延的能力。构成侵袭力的主要因素是细菌的表面结构物质、侵袭性酶及细菌抵抗免疫作用的能力。

（1）细菌表面结构物质　与致病性有关的表面结构包括菌毛、荚膜、鞭毛、磷壁酸和其他表面成分。这些结构能帮助细菌黏附在宿主细胞表面，避免纤毛运动、肠蠕动及分泌液的清除，利于细菌在宿主内局部定居、繁殖并引起疾病（图1-15）。

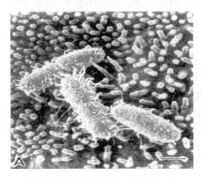

图1-15 黏附在组织表面的细菌

（2）侵袭性酶 细菌由侵入部位向周围和深层组织扩散蔓延，必须具备破坏机体组织屏障的能力。细菌的这种能力是通过侵袭性酶（胞外酶）来实现的，细菌的侵袭性酶本身无毒性，但在细菌感染过程中有一定作用，常见的侵袭性酶有以下几种。

① 血浆凝固酶。大多数致病性金黄色葡萄球菌能产生血浆凝固酶，它可促进血浆中可溶性的纤维蛋白原转变为不溶性的纤维蛋白，使血浆凝固，沉积于菌体表面或病灶周围，保护病原菌不被吞噬或免受抗体的中和。

② 链激酶。或称链球菌溶纤维蛋白酶，大多数引起人类感染的链球菌能产生链激酶。其作用是激活机体内的溶纤维蛋白酶原成为溶纤维蛋白酶，使具有局部屏障作用的纤维蛋白凝块溶解，从而促进细菌和毒素扩散。

③ 透明质酸酶。一种可溶解机体结缔组织中的透明质酸，使结缔组织疏松、通透性增加的酶，又称为扩散因子。如A型溶血性链球菌、产气荚膜杆菌能分泌透明质酸酶，破坏组织结构，使病原菌及其毒素在深层组织中扩散，易造成全身性感染。

此外，有些病原菌还产生链球菌DNA酶（链道酶）、胶原酶、卵磷脂酶、SIgA酶（分泌型免疫球蛋白酶），破坏机体的屏障结构，帮助细菌扩散蔓延。

（3）抗吞噬、抗杀菌及破坏白细胞作用 细菌的荚膜具有抵抗吞噬及抗体液中杀菌物质的作用，有助于细菌在宿主内繁殖扩散。如肺炎球菌、炭疽杆菌、鼠疫杆菌及流行性感冒杆菌的荚膜是很重要的毒力因素，如将无荚膜细菌注射到易感的动物体内，细菌易被吞噬而消除，有荚膜则可引起病变，甚至死亡。有些细菌含有其他表面成分或类似荚膜物质。如链球菌的微荚膜（透明质酸荚膜）及M蛋白质、金黄色葡萄球菌的A蛋白，具有与荚膜相似的抗吞噬及抗体液中杀菌物质的作用。

致病性金黄色葡萄球菌还可产生杀白细胞毒素，杀死吞噬细胞；链球菌可产生溶血素，杀伤白细胞和红细胞。

2. 毒素

毒素是指细菌在生长繁殖过程中产生的对宿主细胞结构和功能有损伤作用的毒性物质，按其来源、性质和作用等不同，可分为外毒素和内毒素两大类（表1-2）。

表 1-2　外毒素与内毒素的主要区别

区别要点	外毒素	内毒素
细菌种类	以 G^+ 菌多见,少数 G^- 菌	G^- 菌
释放方式	主要由活细菌合成分泌至菌体外,少数裂解释放	细菌细胞壁成分,菌体裂解后释出
化学组成	蛋白质	脂多糖
热稳定性	不稳定,60~80℃下 30min 能破坏	耐热,180℃下 2~4h 或 250℃下 30min 被破坏
毒性作用	强,对组织器官有选择性,引起特殊症状	弱,对组织器官选择性不强,引起症状相似
免疫原性	强,可刺激机体产生抗毒素	弱,不能刺激产生抗毒素
甲醛处理	可脱毒成为类毒素,可制成疫苗	不能脱毒成类毒素,不能制成疫苗

(1) 外毒素　主要由革兰氏阳性菌合成并分泌到细胞外的毒性蛋白质,少数革兰氏阴性菌也能产生,个别外毒素在菌体裂解后才释放。外毒素具有以下特点:

① 成分是蛋白质,性质不稳定,易被蛋白酶破坏,不耐酸、不耐热,60~80℃ 30min 能迅速破坏。如白喉杆菌产生的白喉毒素 58~60℃下 1~2h、破伤风痉挛毒素 60℃下 20min 即可被破坏。

② 毒性强。小剂量即能使易感机体产生严重危害。如肉毒梭菌产生的肉毒毒素毒性最强,1mg 纯品可杀死 2000 万只小鼠,0.1μg 可使成人致死,毒性比 KCN 还强 1 万倍。

③ 有很强的选择性毒性作用。外毒素选择性地作用于某些组织和器官,引起特殊病变。如破伤风痉挛毒素、肉毒毒素及白喉毒素都对神经系统都有毒性作用,但作用部位、作用机制不同,临床症状亦不相同。肉毒毒素能阻断胆碱能运动神经末梢释放兴奋性神经递质乙酰胆碱,使肌肉松弛性麻痹,出现眼及咽肌等的麻痹。而破伤风毒素则阻断运动性神经抑制性冲动传递,使骨骼肌强直性痉挛。白喉毒素抑制外周神经、心肌等组织细胞的蛋白质合成,使外周神经麻痹,并引发心肌炎、肾上腺出血。

④ 免疫原性强。少量的外毒素即可刺激机体产生抗体,即抗毒素。抗毒素能中和毒素起保护作用,临床上抗毒素常用于微生物感染的紧急防治。

⑤ 外毒素经甲醛处理可制成类毒素。用 0.3%~0.4% 的甲醛溶液处理外毒素,可获得去除了毒性而保留免疫原性的类毒素。类毒素可制成疫苗,用于人工自动免疫,如白喉破伤风联合疫苗的成分就是类毒素。

外毒素种类多,根据致病机制不同分为三大类:

① 神经毒素。作用于神经组织,抑制神经递质的释放,阻断神经冲动的传导,如肉毒毒素、破伤风痉挛毒素。

② 细胞毒素。干扰靶细胞蛋白质合成，如白喉毒素；破坏或溶解靶细胞，如金黄色葡萄球菌产生的溶血毒素可以使白细胞溶解，A 型溶血性链球菌产生的致热外毒素可以破坏毛细血管内皮细胞，引起猩红热皮疹。

③ 肠毒素。作用于肠黏膜细胞或呕吐中枢，引起呕吐、腹泻，如霍乱肠毒素、金黄色葡萄球菌肠毒素。

（2）内毒素　内毒素是革兰氏阴性菌细胞壁成分，细菌在生活状态时不释放出来，只有当菌体死亡自溶或用人工方法使细菌裂解后才释放。内毒素的特点是：

① 成分是脂多糖，性质稳定，耐热，不易破坏：121℃高压灭菌不能破坏，180℃干热 2～4h 或 250℃干热 30min 才能灭活；用强碱、强酸或强氧化剂煮沸处理 30min 也能灭活。

② 毒性较弱。

③ 免疫原性弱，不能制成类毒素。不能刺激机体产生抗毒素，甲醛处理也不能制成类毒素。

④ 毒性作用选择性不强。内毒素对组织器官的选择性弱，各种细菌产生的内毒素引起的病理作用和临床症状基本相同。主要引起机体发热、白细胞数量变化、内毒素休克、弥漫性血管内凝血（DIC）等临床症状。

（二）细菌侵入的数量

正常机体对外来微生物侵入有一定天然免疫力，因此，病原菌引起感染，除要有一定毒力外，还必须有足够的数量。细菌致病的数量与其毒力呈反比，毒力越强，致病所需菌量越少。有些病原菌毒力极强，极少量的侵入即可引起机体发病，如鼠疫杆菌，有数个细菌侵入易感机体即可发生感染。而毒力弱的病原菌，少量侵入，易被机体防御机能所清除，需大量侵入才能致病，如毒性较弱的伤寒沙门菌需要摄入 $10^8 \sim 10^9$ 个才引发伤寒。

（三）细菌的侵入途径

病原菌的侵入部位也与感染发生有密切关系，多数病原菌只有经过特定的途径侵入，并在特定部位定居繁殖，才能造成感染。如痢疾杆菌必须经口侵入，定居于结肠内，才能引起疾病；而破伤风杆菌，只有经伤口侵入，厌氧条件下在局部组织生长繁殖，产生外毒素，才引发疾病。

细菌的侵入途径主要有：
① 消化道。如伤寒沙门菌、霍乱弧菌、幽门螺杆菌等。
② 呼吸道。如脑膜炎奈瑟菌、百日咳杆菌、肺炎双球菌等。
③ 皮肤伤口。如破伤风杆菌、产气荚膜杆菌、铜绿假单胞菌等。
④ 皮肤接触。如布氏杆菌、淋球菌等。

⑤ 节肢动物叮咬。如鼠疫杆菌。

⑥ 多种途径。如结核分枝杆菌、金黄色葡萄球菌、炭疽杆菌等。

（四）机体的免疫力

正常机体具有完善的免疫防御机能，包括特异性免疫和非特异性免疫。机体正常的生理屏障，如皮肤、黏膜、正常菌群构成免疫的第一道防线，可阻止病原菌的入侵；体内的非特异性免疫细胞和体液中的杀菌物质，如巨噬细胞、嗜中性粒细胞、自然杀伤细胞（NK 细胞）、溶菌酶、补体、防御素构成了免疫的第二道防线，可吞噬和杀伤进入机体的病原菌；T 淋巴细胞介导的细胞免疫和 B 淋巴细胞介导的体液免疫构成机体免疫的第三道防线，通过释放杀菌物质、淋巴因子及产生抗体，直接或间接杀伤病原菌、中和毒素，免除疫患。机体的各种防御机能相辅相成、密切配合，清除病原微生物，共同完成各种复杂的免疫活动。

（五）感染的来源与类型

病原菌在一定条件下侵入机体，与机体相互作用，引起机体不同程度的病理改变的过程称为感染。

1. 感染的来源

（1）外源性感染　指由来自宿主体外的病原菌所引起的感染。传染源主要包括传染病患者、恢复期病人、健康带菌者，以及病畜、带菌动物、媒介昆虫等。

（2）内源性感染　正常菌群寄居于人体体表及与外界相通的腔道内，一般情况下不引起疾病。但当机体免疫力下降，正常菌群失调，或寄居部位发生变化时，正常菌群转变为致病菌，造成的感染称之为内源性感染。

2. 感染的类型

（1）隐性感染　当机体免疫力较强，或入侵的病原菌数量不多，毒力较弱时，感染后对人体损害较轻，不出现或出现不明显的临床症状，称隐性感染。通过隐性感染，机体仍可获得特异性免疫力，在防止同种病原菌感染上有重要意义，如流行性脑脊髓膜炎等大多由隐性感染而获得免疫力。在每次传染病流行中，常有较多的人发生隐性感染。

（2）显性感染　当机体免疫力较弱，或入侵的病原菌毒力较强、数量较多时，则病原微生物可在机体内生长繁殖，产生毒性物质。经过一定时间相互作用（潜伏期），如果病原微生物暂时取得了优势地位，而机体又不能维护其内部环境的相对稳定性时，机体组织细胞就会受到一定程度的损害，表现出明显的临床症状，称为显性感染，即一般所谓传染病。

显性感染按病情缓急分为急性感染和慢性感染。急性感染发病急，病程短，一般持续数日至数周，病愈后病原体从宿主内消失，如痢疾。慢性感染发病缓，病程长，可持续数月至数年，如结核病。

显性感染按感染的部位分为局部感染和全身感染。

① 局部感染　指病原菌侵入机体后，在局部定居，生长繁殖，产生毒性产物，引起局部病变，如金黄色葡萄球菌感染引起的疖、痈。机体免疫作用限制了病原菌生长繁殖，阻止了它们的蔓延扩散，如果免疫作用弱，也可引起全身感染。

② 全身感染　机体与病原菌相互作用中，机体的免疫功能薄弱，不能将病原菌限于局部，以致病原菌及其毒素向周围扩散，经淋巴通道或直接侵入血流，引起全身感染。在全身感染过程中可能出现下列情况：

a. 毒血症。病原菌只在入侵部位局部生长繁殖不侵入血液，但其产生的外毒素可进入血流到达易感的组织和细胞，引起特殊的毒性症状，如白喉、破伤风等。

b. 菌血症。病原菌自局部病灶侵入血流，未大量繁殖，只是一过性或间断性通过血流到达适宜部位后再大量繁殖而致病。如伤寒早期的菌血症，伤寒沙门菌自消化道入侵，在小肠壁的淋巴组织内繁殖，然后进入血流，引发早期菌血症，表现为发热、头痛、乏力、全身酸痛等早期症状。菌体经血流进入肝、胆、脾、骨髓、肾等组织后大量繁殖，产生的大量菌体再次进入血流引起第二次菌血症，同时释放大量内毒素，发展成内毒素血症，加剧全身症状，开始发热，并出现肝、脾肿大，甚至肠壁坏死等严重症状。

c. 内毒素血症。革兰氏阴性菌感染时，因细菌在血流或病灶中大量死亡溶解释放出大量内毒素进入血液引发全身症状，如伤寒晚期的内毒素血症。

d. 败血症。病原菌侵入血液，并在血液中大量繁殖，释放毒素，造成机体损害，引起全身严重中毒症状，如不规则高热，皮肤、黏膜现出血点，肝、脾肿大等临床症状。鼠疫杆菌、炭疽杆菌等可引起败血症。

e. 脓毒血症。化脓性细菌引起败血症时，细菌随血流扩散，在全身多个器官（如肝、肺、肾等）引起多发性化脓病灶。如金黄色葡萄球菌、铜绿假单胞菌、A型溶血性链球菌严重感染时引起的脓毒血症。

（3）带菌状态　在隐性感染或显性感染后，患者未出现症状或治疗后症状消失，但病原菌并未清除，仍在体内继续存在，形成带菌状态。处于带菌状态的人称带菌者，带菌者携带并不断排出病原菌，但没有临床症状，不易引起人们的注意，常成为传染病流行的重要传染源。健康人（包括隐性感染者）体内带有病原菌，叫健康带菌者，例如，在流行性脑脊膜炎或白喉流行期间，不少健康人的鼻咽腔内可带有脑膜炎球菌或白喉杆菌。医护工作者常与病人接触，很容易成为带菌者，在病人之间互相传播，造成交叉感染，因此，及时查出带菌者，加以隔离治疗，能有效防止传染病的流行。

细菌性感染可用青霉素、链霉素、红霉素、磺胺等常用抗菌药物治疗。

第二节 真菌

真菌是一类真核细胞型微生物，它们种群多，分布广，在分类上独成体系，为真菌界。与原核微生物比较，真核细胞型微生物具有以下一些特征：有核膜和核仁，具有完整的细胞核；除核糖体外，还含有线粒体、内质网、液泡等膜性结构的细胞器；少数单细胞，大多数多细胞结构；多数真菌有无性繁殖和有性繁殖两种繁殖方式；不含叶绿素，营寄生或腐生生活。据估计，全世界已有记载的真菌约10万种，与人类的生活具有非常密切的关系，真菌在酿造、食品及医药方面给人类带来巨大利益，某些真菌也引起人和动植物的疾病，使食品、材料腐败变质而带来危害。

一、真菌的生物学特性

习惯上将真菌分为酵母菌、霉菌和大型真菌三种类型（图1-16），这些名称不是分类学上的名词。酵母菌是单细胞真菌，没有真菌丝；霉菌是单细胞或简单多细胞丝状真菌的统称，占真菌的大多数；大型真菌是肉眼可见、体积超大的真菌类型。与化妆品卫生学直接相关的主要是酵母菌和霉菌。

真菌细胞由细胞壁、细胞膜、细胞质和细胞核构成。酵母菌与霉菌的细胞壁结构、成分有差异，酵母菌细胞壁主要成分是酵母多糖，大多数霉菌细胞壁主要成分是几丁质，少数低等水生霉菌的细胞壁主要成分为纤维素。真菌细胞质内分布核糖体和多种膜性结构的细胞器，并含有储存营养的颗粒性结构（图1-17）。

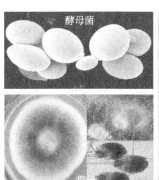

图1-16 各种类型的真菌

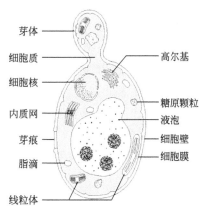

图1-17 酵母菌的细胞结构

（一）酵母菌的形态结构

酵母菌的个别种分裂后子代菌体不分离，以狭小的连接面相连成细胞串，形成形态与菌丝相似的结构，称为假菌丝，如白色念珠菌。酵母菌在自然界分布很广，尤其喜欢在偏酸性和含糖较多的环境中生长，例如在水果、蔬菜、花蜜的表面和果园的土壤中最常见。酵母菌能分解糖类，故又名糖真菌。

酵母菌通常有球形、卵圆形、腊肠形、柠檬形及三角形等多种形态，其细胞直径一般比细菌大 10 倍左右。例如啤酒酵母的细胞宽度为 $2.5\sim10\mu m$，长度为 $4.5\sim21\mu m$，在光学显微镜下可模糊地看到细胞内的种种结构分化。

（二）霉菌的形态结构

霉菌是丝状真菌的俗称，由菌丝和孢子组成。霉菌的突出特点是具有发育良好的分枝状菌丝体，但又不像大型真菌那样形成大型的子实体。霉菌种类繁多，营养要求较低，自然界分布广泛，在潮湿温暖的环境，极易生长繁殖，形成肉眼可见的绒毛状、絮状、毡状或蛛网状菌丝体，生长时间长，还可看到菌丝体顶端形成颜色各异的孢子。

1. 霉菌的菌丝

霉菌的菌丝呈分枝状，管状结构，直径 $3\sim10\mu m$，比细菌和放线菌的细胞直径约粗 10 倍。菌丝依靠顶端生长延伸并产生分枝，许多分枝的菌丝相互交织在一起形成菌丝体。

① 根据霉菌的菌丝内部结构不同可分为无隔菌丝和有隔菌丝（图 1-18）。

无隔菌丝呈长管状单细胞，中间没有横隔膜，细胞内有多个细胞核，其生长表现为菌丝伸长，细胞质均匀增加，细胞核分裂增多[图 1-18(a)]。这种霉菌生长快，能形成旺盛的菌丝体，在固体培养基上呈蔓延生长，不易形成一个菌落，一些低等霉菌如毛霉、根霉、犁头霉即属于这种类型。

有隔菌丝中间被横隔膜分开，相邻两横隔膜之间即为一个细胞，每一个细胞有一至数个核，为多细胞结构，横隔膜上有小孔，细胞质可以自由流动，细胞的功能都相似[图 1-18(b)]，青霉、曲霉、镰刀霉等高等霉菌即具有此类型菌丝。有隔菌丝生长时顶端细胞分裂，使细胞增加，菌丝延长，生长相对较慢，在固体培养基上能形成单一菌落。

② 根据菌丝的分化程度不同可将其分为基内菌丝、气生菌丝和繁殖菌丝（图1-19）。

基内菌丝是深入生长在培养基或被寄生组织内的菌丝，其作用是吸收营养和水分，又称为营养菌丝。

气生菌丝是指在培养基表面伸向空气中生长的菌丝。

繁殖菌丝是气生菌丝发育到一定程度，分化成一定结构，用于繁殖，可产生各种孢子的菌丝。

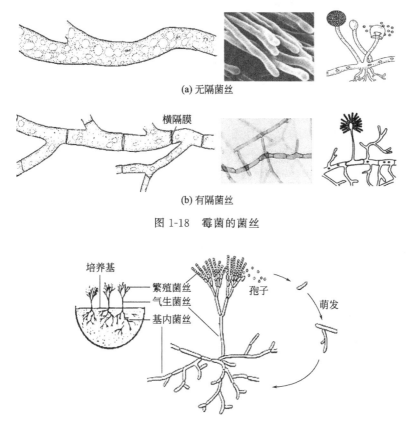

(a) 无隔菌丝

横隔膜

(b) 有隔菌丝

图 1-18　霉菌的菌丝

图 1-19　霉菌的基内菌丝、气生菌丝和繁殖菌丝

2. 孢子

孢子是真菌的繁殖器官，来自繁殖菌丝，依形成方式不同分为无性孢子和有性孢子。霉菌孢子种类多，形态、着生方式各异，表面结构不同，颜色千差万别，可用于真菌种类鉴别。孢子在适宜的条件可发芽伸出芽管，发育成菌丝体。

二、真菌的繁殖方式

真菌的繁殖方式分为无性繁殖和有性繁殖。无性繁殖是指不经过两性细胞的配合便能产生新个体的繁殖方式。而有性繁殖是经过两个不同性别的细胞配合后发育形成新个体的方式。大部分真菌都能进行无性与有性繁殖，并且以无性繁殖为主，有些真菌只有无性或有性一种繁殖方式。

（一）无性繁殖

真菌的无性繁殖方式有四种。

1. 菌丝断裂片段繁殖

霉菌菌丝断裂形成的片段可以进行生长繁殖，发育成新的菌丝体。大多数丝状真菌都能进行这种无性繁殖，实验室"转管"接种便是利用这一特点来繁殖菌种。

2. 裂殖

少数酵母菌以无性二分裂的方式产生子代细胞，如裂殖酵母菌无性繁殖即类似细菌，母细胞一分为二产生两个子细胞。

3. 芽殖

芽殖是酵母菌最常见的无性繁殖方式，几乎所有酵母菌都可以进行芽殖。酵母菌生长到一定阶段，向外凸起形成一至多个小芽，新产生的细胞器、复制的细胞核和基质成分不断涌进芽体，使芽体逐渐长大。芽体成熟时在芽体与母细胞间形成横隔壁，芽体与母细胞分离形成一个新个体，并在母细胞表面留下一个芽痕，在子细胞表面形成一个芽蒂（图1-20）。有些子细胞来不及与母细胞分离即长出芽体，形成假菌丝。

图1-20　酵母菌的芽殖

4. 产生无性孢子

无性繁殖过程中由菌丝自身分化或分裂形成的孢子，称无性孢子。无性孢子有多种类型（图1-21），每个孢子可萌发为新个体。

（1）节孢子　又称关节孢子、粉孢子。菌丝断裂形成的孢子，成串排列，呈圆柱形。菌丝停止生长后，菌丝内从顶端向基部逐渐形成横膈膜，成熟后从横膈膜处断裂，形成多个孢子，如白地霉形成的关节孢子。

（2）厚壁孢子　又称厚垣孢子，是真菌的休眠孢子，其形成方式类似芽孢。在不良环境下，有些菌丝细胞原生质浓缩、变圆，壁加厚形成圆形或圆柱形的孢子即为厚壁孢子。厚壁孢子对不良环境的抵抗力较强，总状毛霉可以产生这种孢子。

（3）孢囊孢子　有些霉菌的气生菌丝长到一定程度，顶端膨大分化成囊状结构，称为孢子囊。随着孢子囊逐渐长大，囊内积累大量的细胞核和原生质，每个核及周围的一小块原生质被分割开，被以薄膜，并形成细胞壁，最后发育成孢囊孢子。成熟后，囊体破裂，大量孢子释放出来，有些孢囊孢子带有鞭毛，可游动，

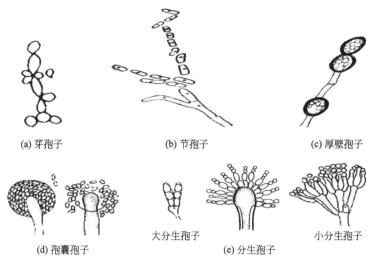

(a) 芽孢子　　　　　　　(b) 节孢子　　　　　　　(c) 厚壁孢子

大分生孢子　　　　　　　　　　　　　　　小分生孢子

(d) 孢囊孢子　　　　　　　　　　　　(e) 分生孢子

图 1-21　真菌的无性孢子

又称游动孢子。根霉、毛霉可以产生孢囊孢子。

（4）分生孢子　分生孢子是霉菌最常见的一种无性孢子，由繁殖菌丝顶端细胞直接分化或由已分化的分生孢子梗顶端细胞特化成的单个或簇生的孢子。分生孢子分为多细胞的大分生孢子和单细胞小分生孢子。分生孢子形态、大小、颜色、着生方式因种而异，可用于霉菌鉴别，如曲霉的分生孢子呈放射状排列，而青霉的则呈扫帚状分布。

（5）芽孢子　类似酵母菌的芽殖，以出芽方式产生的孢子。

（二）有性繁殖

有性繁殖以两个细胞的细胞核结合为特征，分为质配、核配和减数分裂三个阶段（图 1-22），形成卵孢子、接合孢子、子囊孢子和担孢子四种类型的有性孢子（图 1-23）。

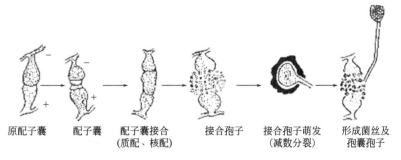

原配子囊　　　配子囊　　　配子囊接合　　　接合孢子　　　接合孢子萌发　　　形成菌丝及
　　　　　　　　　　　　（质配、核配）　　　　　　　　　（减数分裂）　　　　孢囊孢子

图 1-22　真菌的有性繁殖——接合孢子的形成与萌发

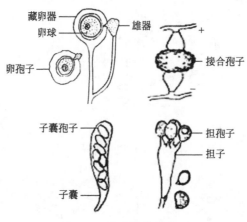

图 1-23　真菌的有性孢子

1. 卵孢子

呈卵圆形，由小配子囊与大配子囊内的卵球结合形成的孢子。小配子囊称为雄器，大配子囊称为藏卵器，藏卵器中有多个由原生团组成的卵球。水霉的有性繁殖可形成卵孢子。

2. 接合孢子

由菌丝分化成结构相似、形态相同或略有差异的两个配子囊接合，经质配、核配形成的二倍体孢子。圆形，壁厚，根霉、毛霉可形成接合孢子。

3. 子囊孢子

两性细胞结合形成的囊状结构称为子囊，在子囊中形成的孢子即为子囊孢子。子囊孢子形成经历了质配、核配和减数分裂三个阶段，是单倍体孢子。一般一个子囊中可形成 8 个子囊孢子，酵母菌和个别霉菌的有性繁殖可产生子囊孢子。

4. 担孢子

两性细胞结合经质配形成双核菌丝，双核菌丝顶端膨大形成担子，担子经核配、减数分裂产生 4 个单倍体核，进而在担子上形成 4 个担孢子。很多大型真菌如蘑菇、灵芝等可以形成担孢子。

三、真菌的抵抗力

真菌耐干燥，对阳光、紫外线、一般消毒剂的抵抗力较强。但在湿热条件下，60℃ 1h 即能杀死菌丝和孢子。对 2％苯酚、2.5％碘酊、0.1％升汞及 10％的甲醛敏感，可用甲醛熏蒸真菌污染严重的空间。真菌对用于治疗细菌性感染的常见抗生素都不敏感，可用两性霉素、制霉菌素、灰黄霉素、克霉唑、酮康唑、伊曲康唑等抗真菌药物治疗真菌性疾病。口服液体药物中可添加苯甲酸、山梨酸等防腐剂达到防霉作用。

四、真菌与人类的疾病

绝大多数真菌对人类是有益的，但也有少数真菌可引起机体浅部和深部组织感染，或者真菌毒素中毒。

（一）浅部真菌感染

浅部真菌主要是寄生性真菌皮肤癣菌（又称皮肤丝状菌），侵犯皮肤、毛发、指甲等角化组织引起各种癣症。皮肤癣菌有毛癣菌、表皮癣菌和小孢子癣菌，癣菌有嗜角质蛋白的特性，可深入角质蛋白，通过机械刺激和产生代谢产物而引起局部病变。癣症病灶可见有隔菌丝和节孢子，菌丝深入角化组织内生成营养菌丝体，纵横交织成网状，孢子可排列成链状或零散分布。在沙氏培养基培养1～3周，可生成丝状型菌落，产生各种孢子和菌丝。菌落形态与色泽、菌丝的构造与形态、大分生孢子的形态和小分生孢子的有无及排列形式等，可作为鉴别种属的重要依据。

皮肤癣症重在预防，做好个人皮肤清洁卫生，保持鞋袜干燥，避免直接或间接接触皮肤癣患者。对癣症治疗提倡局部用药为主，可选药物有灰黄霉素、酮康唑、咪康唑、水杨酸制剂等。

（二）深部真菌感染

深部真菌感染包括皮下组织感染和全身性感染。皮下组织感染常经皮肤微小伤口或创伤侵入组织，一般只限于局部组织，引起局部病变。少数可经血液或淋巴管扩散至周围组织或器官甚至引发全身感染。

全身性感染的真菌能侵入深部组织、器官、内脏和脑膜等处，导致全身感染，引起肉芽肿炎症、溃疡和组织坏死。根据病原真菌的来源不同，全身性感染又分为外源性感染和内源性感染。外源性感染的真菌致病性较强，主要有曲霉、粗球孢子菌、新型隐球菌。内源性感染主要有新型隐球菌、白色念珠菌、曲霉等。近年来因广谱抗生素、激素及免疫抑制剂大量应用，导致这类真菌感染有所增多。

局部组织感染一般局部用药，治疗要持续、彻底，防止反复感染。全身感染主要口服用药，常用的抗真菌药物是两性霉素B、伊曲康唑、灰黄霉素。

（三）真菌毒素中毒症

真菌毒素是真菌在生长繁殖过程中产生的毒性代谢产物，已发现100多种，可侵害肝、肾、脑、中枢神经系统及造血组织，引起急、慢性中毒，还有致癌、致畸和致突变的作用。如黄曲霉毒素是目前发现的毒性最强的真菌毒素，可引起肝脏变性、肝细胞坏死及肝硬化，并致肝癌。实验证明，用含 0.045mg/kg 黄曲霉毒素饲料连续喂养小白鼠、豚鼠、家兔等可诱生肝癌。黄绿青霉毒素引起中枢神经损害，包括神经组织变性、出血或功能障碍等。农副产品存放过程易霉变，产生真菌毒素，长期食用会引起中毒现象。毒素耐热性强，不易破坏，因此要严格控制农副产品、中药材的质量，制定毒素检测标准，防止毒素超标的产品流入市场。2020 年版《中国药典》规定某些根类（如远志）、果实类（如柏子仁、大枣等）、动物类（如地龙、蜈蚣等）药材及其制剂需要检查黄曲霉毒素，其限度标准为每 1000g 样品黄曲霉毒素 B_1 不超过 $5\mu g$；黄曲霉毒素 B_1、B_2、G_1、G_2 总量不超过 $10\mu g$。

真菌毒素引起的疾病不具传染性，也不能用抗生素治疗。

第三节　病毒

病毒是一类个体微小、结构简单、专性活细胞内寄生的非细胞结构型微生物。病毒在自然界分布广泛，自俄国学者伊万诺夫斯基于 1892 年发现第一个病毒——烟草花叶病毒（TMV），至今发现的病毒已经有 4500 余种。与细胞型微生物相比，病毒具有以下特点：

① 个体微小，能通过细菌滤器，需用电子显微镜才能看到。

② 没有细胞结构，主要由核心和蛋白质外壳组成。

③ 只含一类核酸，DNA 或 RNA。无论 DNA 或 RNA，都携带病毒的基因组，是病毒的遗传物质。

④ 专性活细胞内寄生：病毒没有独立的代谢体系，缺乏完整的酶系统，只有寄生于活细胞内依靠宿主细胞提供的原料和能量，才能进行自身的生命活动。

⑤ 以复制方式增殖：病毒不能生长，也不能以细胞分裂的方式繁殖，而是以自身基因组为模板，通过复杂的生物合成过程进行增殖。

⑥ 对抗生素不敏感，干扰素可抑制其繁殖。

根据宿主不同，病毒可分为动物病毒、植物病毒以及噬菌体等。根据成分差异病毒又分为（真）病毒和亚病毒。（真）病毒至少含有核酸和蛋白质两种成分；亚病毒包括类病毒、拟病毒和朊病毒，它们共有特点是只有一种成分——核酸或蛋白质，类病毒和拟病毒只有一个环状 RNA，朊病毒只含蛋白质。

病毒与人体健康密切相关，据统计，临床传染病约 80% 由病毒引起，如乙型肝炎病毒、流行性感冒病毒、HIV 等病毒传染性强、危害性大。因目前缺乏治疗病毒性感染的特效药，病毒性疾病对人类健康构成极大威胁。此外，农作物、家禽、家畜等也存在病毒性病害，有的可在人、畜之间传播。本节内容主要介绍真病毒的基本生物学特性和某些病毒的传播途径、防治方法。

一、病毒的形态结构及化学组成

（一）病毒的大小及形态

1. 病毒的大小

病毒个体微小，以纳米（nm）作为测量单位。病毒的直径为20～300nm，大部分在100nm左右，较大的如痘病毒，约为300nm，较小的如脊髓灰质炎病毒，仅约28nm。绝大多数病毒可通过细菌滤器，须用电子显微镜才能观察到。

2. 病毒的形态

病毒的种类繁多，形态多样，主要有球形、杆状、砖形、蝌蚪形及长丝状。动物病毒多数呈球形或近似球形，植物病毒多为杆状（图1-24）。

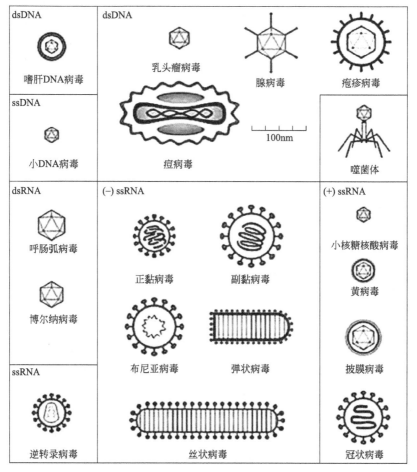

图1-24 病毒的形态与结构模式图

（二）病毒的结构和化学组成

病毒无细胞结构，单个病毒也称作病毒颗粒或病毒体，专指成熟的、结构完整的和有感染性的病毒。最简单的病毒体由衣壳和核心组成。衣壳是病毒外面由蛋白质组成的外壳；衣壳内的结构称为核心，核心包含病毒的基因组核酸和少量蛋白质。衣壳和核心组成的结构称为核衣壳，是所有病毒都具有的基本结构，只由核衣壳构成的病毒称为裸露病毒[图 1-25(a)]，如脊髓灰质炎病毒、噬菌体。比较复杂的病毒，其衣壳外还包被一种称为包膜的膜状结构，这类病毒称为包膜病毒[图 1-25(b)]，如流行性感冒病毒、HIV。

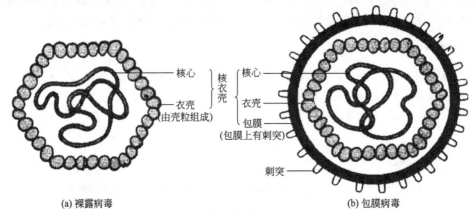

(a) 裸露病毒　　　　　　　(b) 包膜病毒

图 1-25　病毒的结构示意图

1. 核心

核心位于病毒的中心部位，其主要成分是核酸，DNA 或 RNA，是病毒的基因组，包含病毒全部的遗传信息，决定病毒的感染、增殖、遗传和变异，是病毒生命活动的物质基础。

一种病毒体内只含有一种类型的核酸，据此又可将病毒分为 DNA 病毒和RNA 病毒，以 RNA 病毒居多。如乙型肝炎病毒的核酸是 dsDNA、细小病毒的是ssDNA、呼肠病毒的是 dsRNA、HIV 的是 ssRNA。

2. 衣壳

衣壳是包绕在病毒核心外的一层蛋白质外壳，由大量相同的蛋白质亚基组成，这些蛋白质亚基称为壳粒，病毒的衣壳和核心共同组成核衣壳。

病毒衣壳的排列方式主要有三种形式（图 1-26）：

① 螺旋对称型。壳粒有规律地沿中心轴以螺旋方式叠加上升形成对称的杆状外壳，里面的核酸以旋梯式绕中心轴上升，从而形成杆状或丝状病毒。

② 二十面体对称型。壳粒聚集排列成具有二十面体对称的结构，这类病毒外

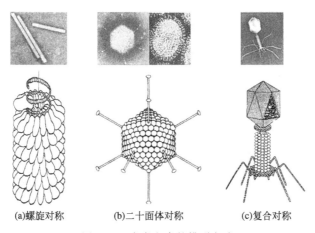

(a)螺旋对称　　　　(b)二十面体对称　　　　(c)复合对称

图 1-26　病毒衣壳的排列方式

形似球状，腺病毒的衣壳是此类结构的典型代表。

③ 复合对称型。壳粒排列既有螺旋对称又有二十面体对称的称为复合对称，此类病毒的结构较复杂。如噬菌体，它的头部是二十面体对称而尾部是螺旋对称，外形似蝌蚪。

病毒衣壳的功能主要体现在：

① 维持病毒的外形。

② 保护作用。

③ 参与感染过程。

④ 具有免疫原性。

3. 包膜

有些病毒除了核心和衣壳结构之外，在核衣壳的外面还包围着一层弹性膜，叫包膜。包膜由脂类、蛋白质和糖组成，后两者结合成糖蛋白分布在包膜中。包膜是病毒复制过程终结时、以类似出芽方式通过宿主细胞膜时获得的（图 1-27），所以具有宿主细胞膜脂类的特性，对脂溶剂如乙醚、氯仿等敏感。包膜中的糖蛋白是病毒基因的产物，在有些包膜表面，还具有向外呈钉状突起的病毒特异性糖蛋白，叫刺突。

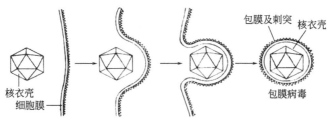

图 1-27　病毒包膜的形成

包膜功能主要体现在：

① 维持病毒结构的完整性，保护核衣壳。

② 参与感染过程。

③ 具有免疫原性。

二、病毒的增殖

病毒缺乏生活细胞所具有的细胞器，缺乏完善的酶系统和能量代谢体系，因而病毒具有严格的活细胞内寄生性。其繁殖必须借助宿主细胞提供的能量和原料，在自身核酸控制下合成子代的核酸和蛋白质，并装配成完整的病毒粒子，以一定的方式释放到细胞外，病毒这种独特的繁殖方式称为复制。从病毒进入易感细胞，经过复制形成子代病毒体，再从宿主细胞释放出来的过程称为一个复制周期。病毒的复制周期可分为吸附、穿入、脱壳、生物合成以及装配与释放五个连续的阶段（图 1-28）。

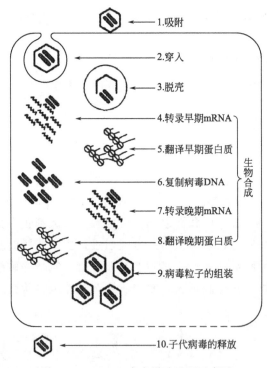

图 1-28 dsDNA 病毒增殖过程示意图

（一）吸附

病毒表面具有吸附蛋白，它能特异性地识别并结合易感细胞表面相应受体。

当病毒与易感细胞接触，细胞表面受体与病毒吸附蛋白相互作用，发生特异性结合，在一定条件下这种结合紧密、牢固、不可逆，使病毒紧紧吸附在细胞表面，启动病毒感染的第一阶段。病毒的吸附蛋白分布在表面，裸露病毒的在衣壳上，有包膜病毒的则在包膜上。例如新冠病毒必须通过包膜上的 S 蛋白与呼吸道上皮细胞膜上的 ACE 受体才能牢固结合。病毒的吸附速率与温度、离子浓度、pH 等环境因素有关，一般在几分钟到几十分钟内完成。

（二）穿入

病毒吸附于宿主细胞后，紧接着进入细胞的过程称为穿入。不同的病毒穿入机制不同，主要有三种方式（图 1-29）。

① 直接穿入。裸露病毒才具有的穿入方式，病毒直接通过细胞膜进入细胞，或病毒仅将核酸释放到宿主细胞内，衣壳留在细胞外。

② 胞吞作用。细胞通过内吞作用将完整的病毒吞入，利用溶酶体酶分解包膜或衣壳释放病毒核酸。各种病毒均可以这种方式进入宿主细胞。

③ 融合作用。包膜病毒才具有的穿入方式，病毒的包膜直接与宿主细胞膜融合，将核衣壳释放入细胞，利用溶酶体酶分解衣壳释放病毒核酸。

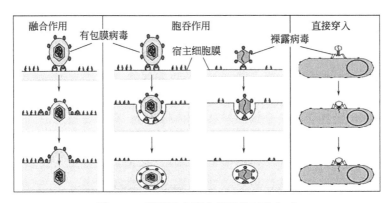

图 1-29　病毒进入宿主细胞的三种方式

（三）脱壳

脱壳是病毒进入细胞后，利用酶的作用去除包膜或衣壳，释放核酸的过程。

（四）生物合成

生物合成是指由宿主细胞提供场所、原料、能量和酶系统，以病毒核酸为模板合成病毒的蛋白质和核酸的过程，是病毒复制最重要的阶段。此阶段病毒已经脱壳释放出核酸，完整的病毒粒子已经不存在，子代病毒还未出现，细胞内检查不出病毒颗粒，称为隐蔽期。

病毒生物合成的基本过程依次为：早期 mRNA 转录→早期蛋白质翻译→核酸复制→晚期 mRNA 转录→晚期蛋白质翻译。

必须强调，病毒的生物合成并不是以少数两三个病毒独立进行，而是批量式合成病毒的各组分，即同时合成大量拷贝数的病毒核酸及蛋白质。

（五）装配与释放

1. 装配

指子代病毒的核酸和蛋白质组装成核衣壳的过程。早期蛋白质则不被组装，仍存留宿主细胞内。不同的病毒在宿主细胞内的装配部位不同。DNA 病毒除痘病毒外均在细胞核内组装，RNA 和痘病毒则在细胞质内组装。裸露病毒组装成核衣壳即为成熟完整的病毒体，包膜病毒的包膜则在释放阶段才形成。

2. 释放

组装好的病毒以裂解、出芽、细胞融合等不同的方式释放到宿主细胞外。

裂解释放指病毒组装完毕，宿主细胞发生溶解，成熟病毒颗粒一次性全部释放。裸露病毒，如腺病毒、脊髓灰质炎病毒等均以此方式释放，释放同时伴随宿主细胞死亡。

出芽释放指有包膜的病毒以出芽方式逐个释放，释放的同时获得包膜成为成熟的病毒。因为是在一定时间逐渐释放，故不引起宿主细胞的严重破坏或立即死亡，但病毒增殖致宿主细胞膜上含有病毒的抗原成分，会引起免疫病理损伤。

还有些病毒可使被感染的细胞非常容易发生细胞融合，使病毒在细胞间传播，也可通过细胞间隙连接从一个细胞转移到相邻细胞，而不直接释放到细胞外，如巨细胞病毒。此外某些病毒感染细胞后并不立即进入复制周期，而是将自身的基因组整合在宿主细胞染色体中，随宿主染色体一起活动，甚至导致细胞遗传性状发生改变，这种现象称为整合感染，如 HIV、溶原性噬菌体。

病毒的释放标志着一个复制周期的结束，一个感染细胞一般可释放 100～1000 个子代病毒。

三、病毒的抵抗力

采用理化方法使病毒失去感染活性称为灭活。病毒一般耐冷不耐热，室温下存活时间不长，56～60℃ 30min 可被灭活；紫外线、电离辐射均可灭活病毒。病毒对各种消毒剂敏感，具包膜的病毒还对脂溶性物质如乙醚、三氯甲烷、去氧胆酸盐等敏感，这些物质可溶解包膜从而灭活病毒。病毒在 pH6～9 环境比较稳定，强酸强碱则可迅速被灭活。50％甘油溶液则对病毒具有保护作用。

四、病毒的致病作用

（一）病毒的感染途径

1. 水平传播

出生后，个体之间或来自环境及其他生物的病毒传播，称为水平传播。其导致的感染称为水平感染，如通过呼吸道、消化道，经皮肤、黏膜、血液等途径感染。

2. 垂直传播

病毒直接从亲代传播给子代的方式，称为垂直传播，导致的感染称为垂直感染。如通过胎盘、分娩过程或哺乳过程由母体传至胎儿或新生儿的传播，如风疹病毒、HIV、乙型肝炎病毒等可通过垂直传播。

（二）病毒的致病机制

1. 感染细胞的损伤和死亡

许多病毒感染细胞的结局为细胞死亡。病毒的感染阻断了细胞自身 RNA 和蛋白质的合成，影响细胞的正常代谢。病毒蛋白质和病毒颗粒大量积聚或形成包涵体（图 1-30），也会损伤细胞器，使感染细胞肿胀变形，溶酶体膜的通透性增高，溶酶体酶溢出，导致细胞自溶、死亡。

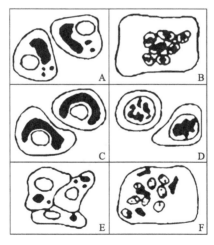

图 1-30　感染病毒的细胞内出现的包涵体

2. 细胞膜的改变

病毒能使感染的宿主细胞的细胞膜发生改变，易与邻近未感染细胞发生细胞融合。细胞融合的结果是形成多核巨细胞。另外，病毒感染的细胞膜上常出现由病毒基因编码的新抗原，使感染细胞成为免疫系统攻击的靶细胞。

3. 细胞转化与细胞凋亡

有些病毒基因组可整合在宿主染色体上，使宿主细胞的遗传特性发生改变，这种现象称为细胞转化。细胞转化甚至会导致肿瘤发生，有研究表明乙型肝炎病毒可能引发肝癌，人类疱疹病毒 4（EB 病毒）可能引起鼻咽癌，单纯疱疹病毒Ⅱ可引起宫颈癌。病毒感染还可激活细胞自身的凋亡基因，引发细胞凋亡。

4. 病毒感染中炎症反应和免疫病理损伤

病毒感染使宿主细胞形成新的抗原物质，它会刺激机体产生特异性抗体，抗原抗体结合形成的免疫复合物能够激活补体、活化吞噬细胞和自然杀伤细胞（NK 细胞），引起宿主细胞损伤或溶解死亡。此外，这些抗原还可以活化 T 细胞，产生淋巴因子或具有直接杀伤作用的细胞毒 T 细胞，破坏宿主细胞。

（三）病毒感染的类型

病毒感染机体一方面取决于病毒的毒力或致病力、一定的数量和合适的侵入门户，另一方面取决于机体的免疫力。因此，病毒的特性及机体免疫应答状态决定了病毒感染机体的类型和结果。

1. 隐性感染

不出现临床症状的感染称为隐性感染。许多病毒性疾病流行时即为此型感染，隐性感染是机体获得特异性免疫的主要来源。例如脊髓灰质炎流行时，隐性感染约占 99%，但隐性感染的人仍能向周围环境散布病毒，而传染他人。

2. 显性感染

病毒在宿主细胞内大量增殖引起细胞破坏死亡，组织损伤，机体出现明显的症状，即为显性感染，又分为急性感染与持续性感染两大类。

（1）急性感染　临床所见的绝大多数病毒感染，如麻疹、乙型脑炎、流感、水痘等都为急性感染。病毒侵入机体内，在一种组织或多种组织中增殖，并经局部扩散，或经血流扩散到全身。经 2～3 天以至 2～3 周的潜伏期后，病毒繁殖到一定水平，由于局部或组织广泛损伤，引起临床感染。从潜伏期起，宿主动员了非特异性和特异性免疫，除致死性疾病外，宿主一般能在症状出现后 1～3 周内，消除体内的病毒。

（2）持续性感染　持续性感染包括潜伏感染、慢性感染及慢发性病毒感染。造成持续感染的原因有病毒本身的特性因素，同时也与机体免疫应答异常有关，如免疫耐受、细胞免疫应答低下，抗体功能异常，干扰素产生低下，等。

① 潜伏感染　潜伏感染是指病毒的 DNA 或逆转录合成的 cDNA 以整合形式

或环状分子形式存在于细胞中，造成潜伏状态，无症状期检测不到完整病毒。当机体免疫功能低下时病毒基因活化并复制完整病毒，发生一次或多次复发感染，甚至诱发恶性肿瘤。

② 慢性感染　慢性感染是指感染性病毒处于持续的增殖状态，机体长期排毒，病程长，症状长期迁延，往往可检测出不正常的或不完全的免疫应答。乙型肝炎病毒感染后 10% 的患者血液中持续存在乙型肝炎表面抗原（HBsAg），血清中可检出免疫复合物，而细胞免疫功能低下者，发展成慢性活动性乙型肝炎。

③ 慢发性病毒感染　慢发性病毒感染不同于慢性感染，病毒有很长的潜伏期，可达数年或数十年，此时期机体无症状，也分离不出病毒。一旦发病出现症状多为亚急性进行性加重，最终导致死亡，如艾滋病、疯牛病。

治疗病毒感染性疾病的药物主要有干扰素、核苷酸类似物、金刚烷胺、酶抑制剂及一些中药成分。总体而言，病毒性疾病治疗没有很好的特效药物，接种疫苗是预防病毒性感染最有效的方式，提高机体免疫力也可较有效地预防病毒性感染。

第二章
微生物的人工培养与鉴别

微生物的人工培养是根据微生物生长繁殖的营养及环境要求，人工提供各种适宜条件，获得所需微生物的方法。微生物的人工培养应用广泛，凡是与微生物相关的生产、科研活动，如微生物研究、微生物分离鉴定、传染病诊断、利用微生物生产各类产品等，均需要人工培养微生物。微生物的鉴别是微生物研究与应用的基础，微生物鉴别技术的进步推动了微生物学科的发展。

第一节　微生物的营养

一、微生物细胞的化学组成

微生物细胞的化学组成主要是水和干物质（表 2-1）。水是生物细胞维持正常生命活动所必需的成分，一般可占细胞质量的 $70\%\sim90\%$，干物质主要包括蛋白质、核酸、糖类、脂类、无机盐等。这些干物质主要是由碳、氢、氧、氮、磷、硫、钾、钙、镁、铁等元素组成（表 2-2）。

表 2-1　微生物细胞中主要物质的含量

微生物种类	细胞主要物质含量/%		干物质组成/%				
	水分	干物质总量	蛋白质	核酸	碳水化合物	脂肪	矿物质
细菌	75～85	15～25	50～80	10～20	12～28	5～20	1.4～14
酵母菌	70～80	20～30	32～75	6～8	27～63	2～15	3.8～7
霉菌	85～90	10～15	14～52	1	7～40	4～40	6～12

表 2-2　微生物细胞中碳、氢、氧、氮占干物质的比例

微生物种类	C/%	N/%	H/%	O/%
细菌	50	15	8	20
酵母菌	49.8	12.4	6.7	31.1
霉菌	47.9	5.2	6.7	40.2

二、微生物的营养物质

微生物营养物质的确定，主要依据微生物细胞的化学组成及微生物代谢产物的化学组成。微生物必须从外界环境中吸收各种物质，合成自身的细胞组分及代谢产物，并从中获取生命活动必需的能量。这些能够满足微生物生长繁殖等各种生理活动所需的物质称为营养物质，微生物所需的营养物质包括水、碳源、氮源、无机盐、生长因子、能源六大类。

（一）水

水是一切生物不可缺少的成分。水的主要作用如下。

① 作为溶剂与运输介质，营养物质的吸收与代谢产物的分泌要以水为媒介才可以完成。

② 参与代谢过程中所有的生化反应，并提供氢、氧元素。

③ 有效散发代谢过程中释放的热量，调节细胞温度。

④ 维持细胞正常的形态。

水在细胞中有两种存在形式：结合水和游离水。结合水是细胞物质的组成成分，而游离水以游离存在，可自由出入细胞（表 2-3）。

表 2-3　细胞内结合水和游离水的区别

项目	水的种类	
	结合水	游离水
水在细胞中的存在形式	约束于原生质的胶体系统之中，成为细胞物质的组成成分	游离存在，可自由出入细胞

项目	水的种类	
	结合水	游离水
特性	不具有一般水的特性,不易蒸发,不冻结,不能流动,不能作为溶剂	具有一般水的特性,能流动,能作为溶剂,帮助水溶性物质进出细胞
比例	1:4	

（二）碳源

碳源是合成微生物细胞成分必需的营养物质,同时也是异养型微生物的主要能量来源。

碳源分为无机碳源和有机碳源两大类,除少数微生物能以简单的无机碳（如二氧化碳、碳酸盐）作为碳源外,大多数微生物以有机含碳化合物作为碳源。微生物利用的有机碳源物质主要有糖类、有机酸、醇、脂、石油产物烃类。较好的碳源是糖类,如单糖（葡萄糖、果糖）、双糖（蔗糖、麦芽糖、乳糖）、多糖（淀粉和菊糖）等。因绝大部分微生物都可以利用葡萄糖,因此葡萄糖是培养基中最常见的碳源。

不同微生物利用碳源物质的能力有差异,有些微生物能广泛利用各种碳源物质,有些则比较单一。如假单胞菌中的某些菌可以利用 90 种以上的碳源物质,而某些甲基营养型细菌只能利用甲烷或甲醇等一碳化合物作为碳源。

根据微生物对碳源的需求不同,可分为自养型和异养型两大类。自养型微生物以二氧化碳作为唯一的碳源,以光能或无机物氧化所产生的化学能作为能源合成自身成分,获取生存所需能量。而异养型微生物只能从外界摄取现成的有机物作为碳源,通过代谢转变成自身的组分,并获取能量。各类微生物中,以细菌的营养类型最复杂,有自养型和异养型,如硫细菌、硝化杆菌等是自养型,而大肠埃希菌、铜绿假单胞菌等是异养型,真菌和放线菌也属于异养型微生物。

（三）氮源

氮源是为微生物提供氮素的含氮物质,从分子态氮到复杂的含氮化合物都可被不同的微生物利用以合成自身的蛋白质、核酸以及其他含氮化合物。多数病原性细菌利用有机含氮化合物如氨基酸、蛋白胨作为氮源,少数细菌（如固氮菌）能以空气中的游离氮为氮源,无机氮如硝酸盐、铵盐等也能被大多数微生物吸收利用。蛋白胨、牛肉膏是培养基中主要的氮源物质,发酵工业中可以用鱼粉、玉米浆、豆饼粉作为氮源。

（四）无机盐

钾、钠、钙、镁、硫、磷、铁、锰、锌、钴、铜、钼等是微生物生长代谢中所需的无机盐成分，除磷、钾、钠、镁、硫、铁、钙需要量较多外，其他只需微量。各类无机盐的作用如下。

① 构成细胞组成成分。

② 调节细胞内外渗透压。

③ 促进酶的活性或作为某些辅酶组分。

④ 某些元素与细菌的生长繁殖及致病作用密切相关，如白喉杆菌产毒菌株其毒素产量明显受培养基中铁含量的影响，培养基中铁浓度降至 7mg/L 时，可显著增加毒素的产量。

（五）生长因子

生长因子是微生物生长过程中必需的、需要量少但自身不能合成或合成量不足的一类小分子有机物质。生长因子必须从外界补充，主要包括维生素、某些氨基酸、脂类、嘌呤、嘧啶等。不同微生物对生长因子需求情况有差异，如大肠埃希菌不需要外源生长因子也能生长，而肠膜明串珠菌则需要提供氨基酸等 33 种生长因子才能生长。

（六）能源

能源是提供微生物生命活动所需能量的物质。绝大多数微生物的能源物质是化学物质（有机物和无机物），只有光合细菌利用光作为能源。对于绝大多数细菌和全部真核微生物来说，它们所利用的有机碳源在被微生物细胞分解代谢的过程中不仅提供微生物细胞的碳素和碳架，而且还提供微生物生命活动所需的能量。有的微生物所需的能源与碳源不同。如光能自养微生物的能源是光，而碳源为 CO_2；化能自养微生物的能源为 NH_4^-、NO_2^-、S、H_2S、H_2 和 Fe^{2+} 等还原态无机化合物，而碳源是 CO_2。

第二节　微生物的人工培养

一、微生物的培养条件

微生物的生长繁殖受营养、pH、温度及气体等因素的影响，人工培养微生物需提供适宜的条件。

（一）营养物质

所有微生物都需要适宜的营养物质，包括水、无机盐、碳源、氮源和生长因子，这些营养物质为微生物的生长繁殖及新陈代谢提供必需的原料和足够的能量。

实验室常用蛋白质丰富的营养培养基（即牛肉膏蛋白胨培养基）培养细菌。

真菌对营养要求不高，比较容易培养。有的真菌在任何有机物基质上都可生长，但在含糖量高、相对湿度大的环境中更容易生长，表现为好糖、好湿。实验室常用于培养真菌的培养基是沙堡培养基，主要由葡萄糖或麦芽糖等组成；常用于培养霉菌的培养基是察氏培养基；常用于培养酵母菌的培养基是麦芽汁培养基。

放线菌对碳源、氮源、生长因子要求不高，对无机盐的要求较高，在普通培养基上即能生长。由于放线菌分解淀粉能力强，故培养基中常含有一定量的淀粉，同时需加入如钾、钠、硫、磷、铁等多种元素。常用于培养放线菌的培养基是高氏一号培养基。

（二）培养温度

温度会影响微生物细胞膜的稳定性、酶活性和营养物质的溶解性，从而对微生物的生长繁殖带来影响。每种微生物都有一个最适宜的温度，过高或过低都不利于其生长。

根据各类细菌对温度的要求不同，可分为嗜冷菌，最适生长温度小于 20℃；嗜温菌，最适生长温度为 20～40℃；嗜热菌，在高至 56～60℃生长最好。病原性细菌均为嗜温菌，最适温度为 37℃，与人体体温相近，实验室一般在 37℃条件下培养细菌。

真菌的最适温度为 22～28℃，有些致病真菌在 37℃生长良好，个别真菌可在 0℃下生长，使冷藏食品霉变。实验室一般在 28℃条件下培养真菌。

放线菌生长的最适温度一般为 28～32℃，但寄生型放线菌的温度为 37℃，高温放线菌在 50～60℃也能生长。

（三）酸碱度

微生物代谢是由一系列酶促反应组成，每种酶都有一个最适 pH 范围。在此范围内酶活性最高，反应速率最快。此外，pH 对微生物细胞膜结构的稳定性和通透性、对营养物质的溶解度和电离度、对细胞表面电荷平衡及胞质的胶体性质等方面均会造成重大影响。因此，每种微生物都有一个生长最适的 pH 范围，超出这个范围，微生物的生长繁殖都会受到抑制。

细菌生长的 pH 范围为 2～10，绝大多数最适 pH 范围为 6.8～7.4，此时酶活性最高，生长繁殖最旺盛。人类血液、组织液的 pH 为 7.4，细菌极易生存；胃液偏酸，绝大多数细菌可被杀死；少数细菌在碱性条件下生长良好，如霍乱弧菌在 pH8.4～9.2 时生长最好；也有的细菌最适 pH 偏酸，如乳酸杆菌最适 pH 为 5.5。细菌代谢过程中分解糖产酸，pH 下降，影响细菌生长，所以培养基中通常加入缓冲剂以保持 pH 稳定。

真菌对酸不敏感，大多数真菌在 pH2～9 范围内均可生长，最适 pH 为 4～6。

放线菌对酸敏感，在酸性条件下生长不良，最适 pH 为中性偏碱，pH7.2～7.6 生长良好。

（四）气体环境

对微生物影响较大的气体主要是氧气和二氧化碳，在培养不同微生物时，应采取有效的措施保证微生物对气体条件的不同需求，保证其正常生长。

一般细菌代谢中都需 CO_2 作为合成碱基的原料，大多数细菌自身代谢所产生的 CO_2 即可满足需要。不同的微生物对氧气的需求差异较大，根据细菌对氧气的需要不同可分为：

① 专性需氧菌：必须在有氧的环境下才能生长繁殖的细菌，如结核分枝杆菌、枯草芽孢杆菌。专性需氧菌通过有氧氧化产生大量的能量，满足机体生长需要，但同时也产生毒性代谢物，如超氧负离子（O_2^-）和过氧化氢（H_2O_2）。这些毒性物质通过体内的超氧化物歧化酶（SOD）和过氧化氢酶的催化作用转化为无毒的产物，消除对微生物生长的不良影响。

② 专性厌氧菌：在无氧环境下才能生长繁殖的细菌，如破伤风杆菌、双歧杆菌。

③ 兼性厌氧菌：在有氧或厌氧环境下均能生长繁殖的细菌，大多数病原菌都是兼性厌氧菌。

大多数真菌为需氧菌，需要较充足的氧气，少数属于兼性厌氧菌，如白色念珠菌。

大多放线菌为需氧菌，所以在抗生素生产过程中一般需要通气搅拌以增加发酵液中溶氧的含量以提高产量，少数致病性的是兼性厌氧。

（五）培养时间

细菌生长繁殖速度快，大部分细菌在适宜的条件下培养 18～24h 即可显现出肉眼可观察到的生长现象。

真菌繁殖能力强，但生长速度比细菌慢，多数真菌需培养 3～7 天才长成菌落。

放线菌生长缓慢，需 3～7 天才能形成典型的菌落，放线菌菌种保藏可将孢子混入砂土管内，4℃可保存 1～5 年。

二、培养基

培养基是人工配制的、适合微生物生长繁殖及积累代谢产物的营养基质。实际工作中人们需要根据微生物的营养特点、培养目的，选择合适的培养基。

（一）培养基必备条件

1. 合适的营养物质

微生物生长繁殖需要营养，但不同类型的微生物营养要求差别很大，即使同一微生物在不同生理生化过程对营养物质的需求也不尽相同。实际工作中应根据微生物营养特点和培养目的配制适宜的培养基，如一般实验室用营养培养基或 LB 培养基培养细菌，用高氏一号培养基培养放线菌，用沙堡培养基培养真菌。对于营养需求特殊的微生物，还要在培养基中添加一些生长因子，如肺炎球菌需要在含血液或血清的培养基中才能生长。

除了考虑营养物质种类，还要注意培养基中各种物质的浓度及比例。浓度过低不能满足微生物生长繁殖的需要，浓度过高则抑制其生长，浓度适宜则能促进生长繁殖。营养物质浓度比例，尤其是 C 和 N 物质的量比值，直接影响微生物的生长繁殖及代谢产物的合成。总体而言，细菌的培养基 C/N 比值较低，而真菌需要 C/N 比值较高的培养基。

2. 适宜的 pH

各种微生物生长繁殖或合成代谢产物的最适宜 pH 各不相同，在制备培养基过程中需提供适宜的酸碱性满足其需求。细菌和放线菌适宜在弱碱性（pH7.0～7.4）的环境生长，真菌则喜偏酸性（pH4.5～6.0）环境。同时，微生物在分解利用营养物质过程中也会合成某些代谢物质，改变培养基的 pH，抑制微生物的生长繁殖或影响产物合成。为此常在培养基中添加酸碱缓冲剂如磷酸盐或碳酸盐调节 pH，有些培养基自身的某些组分如氨基酸、蛋白胨也可起到酸碱缓冲剂的作用。

3. 适当的物理状态

根据使用目的的不同，培养基中可添加不同含量的凝固剂，配制成固体、半固体或液体等不同物理状态。

4. 经灭菌处理后方可使用

制备培养基的营养组分，并非无菌物质，本身即含许多微生物，培养基制备过程也会带来微生物的污染。因此，配好的培养基应立即进行灭菌处理，使其保持无菌状态，使用时才能避免杂菌污染，不干扰目的菌株的正常培养。培养基一般采用高压蒸汽灭菌，121.3℃，103.42kPa 维持 15～30min，对含有不耐热组分的培养基可适当降低灭菌温度或用滤过除菌法处理。

此外，培养基还要考虑渗透压、氧化还原电位和水活度。与微生物细胞内渗透压相当的等渗环境最适宜微生物生长；高渗环境会引起细胞质壁分离导致微生物死亡；低渗环境易使细胞壁脆弱或缺壁的微生物细胞膨压过大，甚至引起胞体膨胀破裂而死亡。对氧气需求不同的微生物对培养基的氧化还原电位要求亦不相同，需氧菌大于厌氧菌，兼性需氧菌在不同氧化还原电位条件下，代谢途径会有所变化。

（二）培养基的种类

培养基种类繁多，按不同的分类标准分为多种类型。

1. 根据培养基成分来源不同分类

（1）天然培养基　含有天然物质或天然物质经人工降解所得产物的培养基。含有纯天然成分，对其中的组分不甚清楚或各组分的含量具有不恒定性，如牛肉膏蛋白胨培养基、麦芽汁培养基。天然培养基来源广泛、营养丰富、种类多、价格低，但组分或含量不确定，适用于实验室一般增菌培养及大规模的工业发酵。

（2）合成培养基　用化学成分及含量完全明确的物质组成的培养基，又称组合培养基，如高氏一号培养基、察氏培养基。其优点是组分清楚、含量确定、重现性好，但成本较高、配制麻烦，微生物在其中生长较慢，适用于微生物营养、代谢、分类鉴定、遗传育种等方面的研究工作。

2. 根据培养基物理状态不同分类

根据培养基物理状态（图 2-1）不同分为三类。

（1）固体培养基　固体培养基可以分为两类：一类是用天然的固体状物质制成的，如用马铃薯块、麸皮、米糠、豆饼粉、花生饼粉制成的培养基，酒精厂、酿造厂等常用这种培养基；另一类是在液体中添加凝固剂而制成的，如实验室中常用的琼脂固体斜面和固体平板培养基，这种培养基广泛用于微生物的分离、鉴定、保藏、计数及菌落特征的观察等。常用的凝固剂是琼脂，是一种从海藻中提取的多糖类物质，熔点为 96℃，冷却到 45℃即可凝固，绝大部分微生物不能分解琼脂，所以培养基中的琼脂不是微生物的营养物质，仅作为凝固剂。一般在液体培养

图 2-1　培养基

基中加入 2%～3% 的琼脂即可制成固体培养基。固体培养基最早由科赫发明，它推动了纯培养技术的发展，也推动了微生物学的发展，在科学研究和生产实践上具有广泛的用途。实验室里固体培养基可制成平板和斜面，用于微生物的增菌、

分离、纯化、鉴别、计数、育种及菌种保藏等。

（2）半固体培养基　半固体培养基中的琼脂加入量为 0.2%～0.3%，硬度比固体培养基要低，半固体培养基主要用于鉴别细菌有无鞭毛（即检查细菌有无运动能力）及某些生化试验（如明胶液化试验）。

（3）液体培养基　液体培养基中不加琼脂，培养基组分均匀分布，微生物能充分利用培养基中的养料，可用于微生物的增菌、生理生化研究（如考察细菌对氧气的需求程度）、产品的无菌检查及大规模的工业生产。

3. 根据培养基用途不同分类

（1）基础培养基　含有大部分微生物所需的基本营养物质，能满足一般微生物生长繁殖的培养基，如普通营养肉汤培养基，其成分是牛肉浸膏、蛋白胨、氯化钠和水，可用于一般细菌的培养。

（2）加富培养基　又称富营养培养基，在基础培养基中加入一些特殊的营养物质如血液、血清、酵母浸膏、动植物组织液等制成的一类营养丰富的培养基质，以满足营养要求较高或有特殊营养要求的微生物的生长，如溶血性链球菌需要在血琼脂平板上才能生长。加富培养基可富集在其中呈优势生长的微生物，还能选择、分离微生物。

（3）选择培养基　利用不同微生物对化学药物敏感性不同，在培养基中加入一定的化学物质以抑制杂菌、利于目标菌株生长，从而将目标菌株从混杂的微生物群体中分离出来。如在培养基中加入胆酸盐，能选择性地抑制革兰氏阳性菌的生长，有利于革兰氏阴性菌的生长，常用于肠道致病菌的分离筛选。

（4）鉴别培养基　利用微生物的酶种类不同，生化反应能力不同，在基础培养基内加入特殊的底物和指示剂，某种微生物在这种培养基中生长后能产生特殊的代谢产物，与培养基成分或某种试剂发生特定的化学反应，产生明显的、特征性的现象。这些现象可以将该微生物与其他微生物区别开来，从而达到鉴别的目的。如糖发酵试验常用于肠道致病菌的鉴别，它就是借助不同肠道致病菌对不同糖类分解能力有差异，能否产酸产气及指示剂的变色情况不同而作出判断。

实际工作中，有些培养基兼有选择和鉴别双重功能。如可用于金黄色葡萄球菌鉴别的甘露醇氯化钠琼脂培养基含盐量高，耐盐的金黄色葡萄球菌可在此培养基中生长，形成特征性的菌落，而其他非耐盐菌的生长则受到抑制。

（5）厌氧培养基　专供厌氧菌培养、鉴别用的培养基。常用的厌氧培养基有疱肉培养基、巯基乙酸钠培养基等，两者均含有还原性的成分，能降低培养基的氧化还原电位以利于厌氧菌的生长。

除以上分类方法外，还可按照培养对象不同分为细菌培养基、放线菌培养基和真菌培养基。

三、微生物的生长现象

将微生物以一定的方式移植到培养基上的操作技术称为接种。接种后的培养基，置适宜的温度及气体条件下，微生物即可生长繁殖，一定时间后出现肉眼可观察到的生长现象。微生物的生长现象常用于微生物鉴别及检验结果判断。

（一）微生物在液体培养基中的生长现象

1. 细菌在液体培养基中的生长现象

（1）均匀浑浊　细菌在液体培养基中分散均匀，培养基呈均匀浑浊状态，大多数兼性厌氧菌都呈这种现象（图2-2）。

（2）液面菌膜　某些专性需氧菌如枯草杆菌在液面形成一层白色的菌膜，有些则形成液面菌环。

（3）沉淀生长　厌氧菌和有些链状细菌（如链球菌）在液体培养基中生长后，在试管底部形成沉淀，而上层的液体仍较透明。

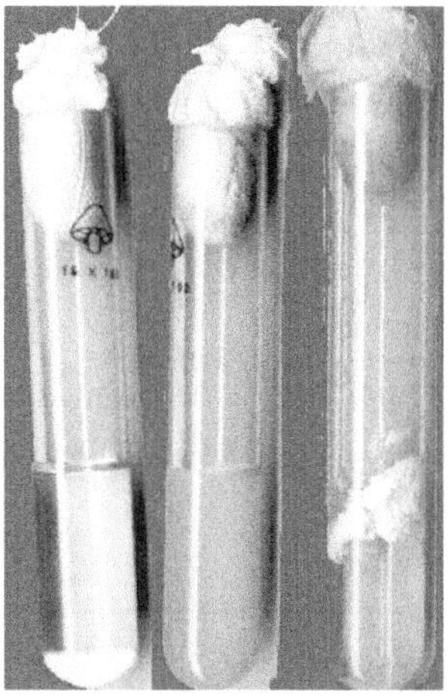

2. 真菌在液体培养基中的生长现象

霉菌在液体培养基中静置培养，菌丝一般在液面生长，形成液面菌膜；摇床振荡培养会出现菌丝球。酵母菌在液体培养基中的生长现象与细菌相似。

沉淀生长　均匀浑浊　液面菌膜

图2-2　细菌在液体培养基中的生长现象

（二）微生物在固体培养基中的现象

1. 微生物在琼脂斜面上的生长现象

将微生物划线接种在斜面琼脂培养基上，培养后可看到连成一条线或一片的纯培养物，称为菌苔线或菌苔。

2. 微生物在琼脂平板上的生长现象

将微生物在平板上划线分离或稀释分离，微生物浓度大的部位也可形成菌苔，浓度稀的部位可得到由单个微生物在固体培养基上生长繁殖形成的肉眼可见的微生物菌团，称为菌落。一个菌落通常是由单个微生物不断分裂增殖堆积而成的纯种，将它转接在新鲜培养基上培养即得到该微生物的纯培养。不同类型微生物形成的菌落，其大小、形状、边缘、隆起、色泽、质地、透明度、湿润度、表面光泽度等特征各不相同；同种微生物在同一培养条件形成的菌落有一定的稳定性和专一性，而在不同的培养条件，如培养基、温度、培养时间改变，形成的菌落则存在差异，所以菌落特征可用于微生物的鉴别（图 2-3，图 2-4）。

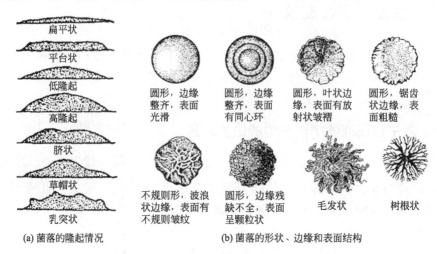

扁平状

平台状

低隆起

高隆起

脐状

草帽状

乳突状

(a) 菌落的隆起情况

圆形，边缘整齐，表面光滑

圆形，边缘整齐，表面有同心环

圆形，叶状边缘，表面有放射状皱褶

圆形，锯齿状边缘，表面粗糙

不规则形，波浪状边缘，表面有不规则皱纹

圆形，边缘残缺不全，表面呈颗粒状

毛发状

树根状

(b) 菌落的形状、边缘和表面结构

图 2-3　菌落特征

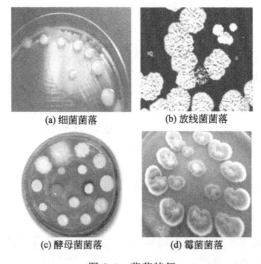

(a) 细菌菌落

(b) 放线菌菌落

(c) 酵母菌菌落

(d) 霉菌菌落

图 2-4　菌落特征

（1）细菌的菌落特征　较小、较薄，多呈圆形，边缘整齐或不规则，扁平或凸起，表面湿润、黏稠有光泽，质地均匀，多为半透明，颜色多样，且正反两面相同，易挑起，常有臭气。

（2）霉菌的菌落特征　较大，质地疏松，呈绒毛状、棉絮状、毡状或粉粒状，个别呈蔓延生长，不透明，颜色多样、正反两面不同，与培养基结合紧密、不易挑起，常有霉味。

（3）酵母菌落特征　早期酵母菌落与细菌较相似，但较细菌菌落大、厚，呈油脂状或蜡滴状，多为圆形乳白色，少数红色，质地均匀，表面湿润、光滑，有些种的菌落可因培养时间过长而表面皱缩，易挑起，常有酒香味。

（4）放线菌的菌落　多为圆形，表面干燥、多皱、坚实、致密牢固，不易挑起，常有呈放射状排列的沟纹，不透明，正、反两面常呈现不同的色泽，常有土腥味。

（三）半固体培养基中的生长现象

将细菌在半固体培养基中穿刺接种培养后，有鞭毛的细菌能沿着穿刺线扩散生长，穿刺线模糊不清，呈云雾状、羽毛状生长，培养基浑浊；无鞭毛的细菌只能沿着穿刺线生长，周围培养基仍较透明。将细菌穿刺接种在半固体状的明胶培养基中培养，能产生明胶酶的细菌则能分解明胶，使培养基液化，此现象可用于该细菌鉴别。

第三节　微生物鉴别的一般方法

进行微生物研究、微生物检验、疾病诊断及治疗时，经常要对微生物进行分类鉴定，鉴定方法一般从个体形态结构、群体培养特征、染色特性、生化试验、血清学检测等方面着手，对检验现象综合分析，得出正确的结果。

一、个体形态结构特征

微生物的个体形态结构特征是用于分类鉴别的重要依据之一。原因：一是它易于观察比较；二是许多形态学特征受多基因控制，在一定的培养条件下，具有相对的稳定性。常用于分类鉴别的形态结构特征包括细菌的形状、大小、排列方式、特殊结构（如芽孢、鞭毛、荚膜）、超微结构（如细胞壁结构、细胞内含物等）、放线菌及真菌的菌丝、孢子（形态、颜色、表面状况、着生方式、数量）、超微结构等。

显微镜是观察微生物形态结构最重要的工具，根据使用的光源不同分为光学显微镜和电子显微镜。前者以可见光为光源，最大有效放大倍数是1000～1500倍；后者以电子束为光源，目前最大放大倍数可达300万倍。光学显微镜分为普通光学显微镜、实体显微镜、偏光显微镜、倒置式显微镜、暗视野显微镜、相差显微镜、干涉差显微镜和荧光显微镜等；电子显微镜又分为透射式电子显微镜、扫描式电子显微镜、反射式电子显微镜和发射式电子显微镜等。一般微生物实验室使用的是普通光学显微镜，其最大分辨力是$0.25\mu m$，最大放大倍数是1000倍，可看清细菌、放线菌及真菌的外形。随着科技的发展，显微镜的种类也越来越多，对推动微生物的形态学研究起着重要作用。

二、群体培养特征

　　微生物的群体培养特征是指微生物在培养基上所表现的群体形态和生长现象，包括平板上的菌落特征、斜面上的菌苔特征和液体、半固体培养基培养时的生长现象。一定培养条件下，不同微生物的培养特征有差异，而同一微生物则具有典型的培养特征，它是微生物鉴别的又一主要依据。

三、染色特性

　　微生物个体微小，特别是细菌，属单细胞结构，菌体细胞呈无色半透明状，在显微镜下难于辨识，一般进行染色处理，使其与背景形成色差，便于观察。结构不同的细菌染色结果不同，亦是细菌分类鉴别常用的依据之一。

　　用于微生物染色的染料种类繁多，根据染料在溶液中电离后带电情况不同分为碱性、酸性和中性染料。碱性染料带正电荷，包括亚甲蓝、结晶紫、甲紫、碱性复红及孔雀绿等；酸性染料染色带负电荷，如伊红、酸性复红或刚果红；中性染料是前两者的结合物又称复合染料，如伊红-亚甲蓝、伊红天青等。

　　细菌染色多用碱性染料，由于细菌在正常生理条件下的等电点为 pH2～5，在接近中性的溶液中带负电荷，易与碱性染料的着色基团（带正电荷）结合而着色。当细菌分解糖类产酸使培养基 pH 下降时，细菌所带正电荷增加，此时可用带负电荷的酸性染料染色。

　　根据染色步骤不同，细菌染色法分为单染色法和复染色法。

（一）单染色法

　　只用一种染料，使菌体一步着色，其操作过程如下：

涂片 → 干燥 → 固定 → 染色 → 镜检

　　单染色法可观察细菌的形态、大小、排列方式等，但鉴别作用不大。

（二）复染色法

　　复染色法使用两种或两种以上的染料，分步着色。可将不同种类的细菌或同种细菌的不同结构染成不同颜色，不仅可以观察细菌的形态和结构，还有助于细菌的鉴别，故又称鉴别染色法。复染法种类很多，有革兰氏染色法、抗酸染色法、特殊染色法，其中应用最广泛、最经典的是革兰氏染色法。

1. 革兰氏染色法

该方法由丹麦医生 Christian Gram 于 1884 年首创，一直沿用至今，是细菌学上最常用的染色方法，其操作过程如下：

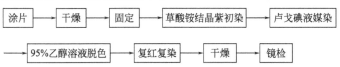

结果：染成紫色的细菌称为 G⁺ 菌，如金黄色葡萄球菌、枯草芽孢杆菌等；染成红色的称为 G⁻ 菌，如大肠埃希菌、伤寒杆菌等。两类细菌的革兰氏染色结果不同与细胞壁成分和结构、细胞内的成分及细菌的等电点等因素有关，细胞壁成分和结构差异是造成染色性不同的主要原因。G⁺ 菌细胞壁肽聚糖层数多，厚而致密，脂质含量少，乙醇不易脱色，故呈紫色；而 G⁻ 菌刚好相反，所以染成红色。

革兰氏染色的意义：

① 有助于细菌的鉴别。通过革兰氏染色，将细菌分为革兰氏阳性（G⁺）菌和革兰氏阴性（G⁻）菌两类。

② 有助于了解细菌的致病性。G⁺ 菌大多产生外毒素，G⁻ 菌大多产生内毒素。

③ 指导临床用药。例如多数 G⁺ 菌对青霉素较 G⁻ 敏感，而多数 G⁻ 菌不敏感；反之多数 G⁻ 菌对链霉素敏感，而 G⁺ 菌敏感性较差。

2. 抗酸染色法

该方法用来鉴别抗酸性细菌和非抗酸性细菌，过程如下：

结果：染成红色的细菌称为抗酸性细菌，如结核分枝杆菌、麻风分枝杆菌等；染成蓝色的细菌称为非抗酸性细菌。

3. 特殊染色法

细菌的有些结构需要用特殊的染色方法才能着色进行观察，如荚膜染色法、芽孢染色法、鞭毛染色法等。

四、生理生化反应特征

在进行微生物的分类鉴别时，仅凭以上结果有时难于作出判断，通常需要结合生理生化反应现象，综合分析，再得出准确的结论。不同的微生物具有不同的酶系统，对同一物质的代谢途径和代谢产物各不相同，可以利用生物化学反应检测代谢产物，进而对微生物进行分类鉴定，这些可用于微生物鉴别的生物化学反应称为生化试验。

生化试验对微生物的分类鉴定，尤其在肠道菌科细菌属和种的分类鉴定方面具有重要意义。常用的生化试验有糖发酵试验、IMViC 试验（即吲哚试验、甲基红试验、V-P 试验和枸橼酸盐试验）等。

（一）糖发酵试验

不同细菌分解糖类的能力和代谢产物不同。例如大肠埃希菌能发酵葡萄糖和乳糖；而伤寒杆菌可发酵葡萄糖，但不能发酵乳糖。即使两种细菌均可发酵同一糖类，其结果也不尽相同。如大肠埃希菌有甲酸解氢酶，能将葡萄糖发酵生成的甲酸进一步分解为 CO_2 和 H_2，故产酸并产气；而伤寒杆菌缺乏甲酸解氢酶，发酵葡萄糖仅产酸不产气。

$$C_6H_{12}O_6 \xrightarrow[\text{大肠埃希菌}]{\text{伤寒杆菌}} CH_3COCOOH \longrightarrow HCOOH$$

葡萄糖 　　　　　　　丙酮酸　　　　　甲酸

$$HCOOH \xrightarrow[\text{大肠埃希菌}]{\text{甲酸解氢酶}} CO_2 + H_2$$

常用于糖发酵试验的糖类有：葡萄糖、甘露糖、乳糖、麦芽糖、蔗糖、阿拉伯糖等。由于糖发酵的大多数终产物是酸和气体，可使用 pH 指示剂观察培养液的 pH 变化，判断是否产酸。pH 指示剂有酸性品红（pH6.0～7.4，红→黄）、溴甲酚紫（pH5.2～6.8，黄→紫）和溴麝香草酚蓝（pH6.0～7.6，黄→蓝）。在培养管内加入倒置的杜氏管，观察培养后杜氏管内是否出现气泡，判断是否产气。借助单糖分解情况来鉴别细菌的方法，在肠道细菌的鉴定中应用最多，它也是鉴定细菌的生化反应中最主要和最基本的试验。

方法：取待检菌的新鲜培养物，接种于糖发酵管中，一支作空白对照，培养 24～48h，观察结果。杜氏管中有气泡（无论气泡大小），判为产气；培养液中 pH 指示剂显酸色，判为产酸（图 2-5）。试验结果只产酸者以"＋"表示，产酸并产气者以"⊕"表示，不产酸不产气者以"—"表示。

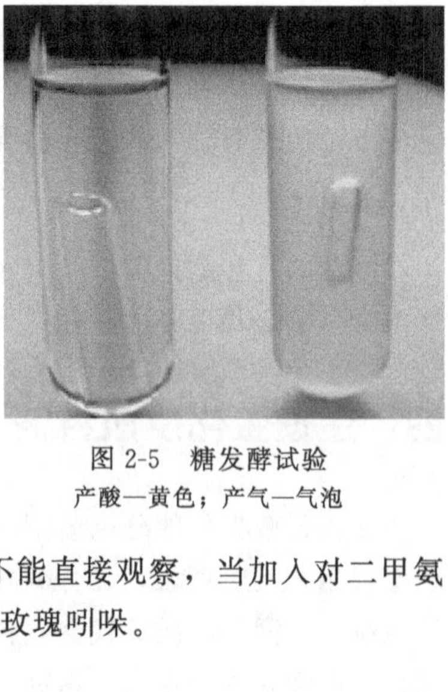

图 2-5　糖发酵试验
产酸—黄色；产气—气泡

（二）吲哚试验（靛基质试验 I）

有些细菌含有色氨酸酶，能分解蛋白胨中的色氨酸生成吲哚（靛基质）。吲哚本身没有颜色，不能直接观察，当加入对二甲氨基苯甲醛试剂时，该试剂与吲哚作用，形成红色的玫瑰吲哚。

色氨酸 + 色氨酸酶/$+H_2O$ → 吲哚 + NH_3 + $CH_3COCOOH$

色氨酸

吲哚

2 吲哚 + 对二甲基氨基苯甲醛（CHO，$N(CH_3)_2$） 色氨酸酶/$+H_2O$ → 玫瑰吲哚 + H_2O

吲哚　对二甲基氨基苯甲醛　　　　玫瑰吲哚

方法：取待检菌的新鲜培养物接种于蛋白胨水培养基中，于 37℃ 恒温培养 24～48h，沿管壁加入靛基质试液数滴，轻轻摇动试管。液面呈玫瑰红色为阳性反应（＋），呈试剂本色为阴性反应（－）。

本试验常用于肠杆菌科种属鉴别，98％大肠埃希菌、变形杆菌呈阳性反应，沙门菌、产气克雷伯菌呈阴性反应。

（三）甲基红试验（M）

肠杆菌科各菌属都能发酵葡萄糖产生丙酮酸，在丙酮酸进一步分解中，糖代谢的途径不同，有的可将丙酮酸转化为乳酸、琥珀酸、醋酸和甲酸等大量酸性产物，使培养基 pH 值下降至 4.5 以下，使甲基红（pH4.4～5.2，红→黄）指示剂变红。但有的肠道菌则使部分丙酮酸脱羧转化为中性的乙酰甲基甲醇，生成的酸类减少，培养基的 pH 值下降不多，使甲基红指示剂显黄色或橘黄色。

方法：取待检菌的新鲜培养物，37℃ 恒温培养（48±2）h，在约 2mL 培养液中加入 2 滴甲基红指示液，轻轻摇动，立即观察。呈鲜红色或橘红色为阳性（＋），呈黄色或橘黄色为阴性（－）。大肠埃希菌呈阳性，产气杆菌呈阴性。

（四）V-P 试验

细菌能分解葡萄糖产生丙酮酸，某些细菌能将 2 分子丙酮酸缩合，脱羧生成一分子的乙酰甲基甲醇。在强碱环境下，乙酰甲基甲醇被空气中的氧气氧化形成二乙酰，二乙酰与蛋白胨中精氨酸的胍基生成红色化合物，称 V-P 试验阳性，试验中加入 α-萘酚，可促进反应出现。

$$2CH_3COCOOH \longrightarrow CH_3COCHOHCH_3 + 2CO_2$$

丙酮酸　　　　　　　乙酰甲基甲醇

$$CH_3COCHOHCH_3 \xrightarrow[+KOH]{-2H} CH_3COCOCH_3$$

乙酰甲基甲醇　　　　　二乙酰

二乙酰 + 胍基 → 红色化合物 + $2H_2O$

二乙酰　　　胍基　　　　红色化合物

方法：取待检菌的新鲜培养物，接种于磷酸盐葡萄糖胨水培养基内，培养（48±2)h，在 2mL 培养液中加入 α-萘酚乙醇试液 1mL，混匀，再加入 40% 的氢氧化钾试液 0.4mL，充分摇匀，在 4h（通常在 30min）内出现红色者，判为阳性（＋），无红色反应为阴性（－）。

产气杆菌为阳性，大肠埃希菌为阴性。

（五）枸橼酸利用试验（C）

有些细菌可利用枸橼酸钠为唯一碳源，能在枸橼酸盐培养基上生长，分解铵盐产生氨，分解枸橼酸钠产生碳酸盐，使培养基的 pH 升高，由中性变为碱性。在培养基中加入指示剂溴麝香草酚蓝，培养基由浅绿色变为深蓝色，即为枸橼酸盐利用试验阳性。不能利用枸橼酸钠的细菌，在此培养基上不能生长，培养基仍为浅绿色。

方法：取待检菌的新鲜培养物接种于枸橼酸盐斜面培养基上，置 37℃ 恒温培养 2～4d。培养基斜面有菌苔生长，培养基由绿色变为蓝色，判为阳性（＋）；培养基斜面无菌生长，培养基仍呈绿色者为阴性（－）。

此试验主要用于肠杆菌科细菌的鉴别。埃希菌属、志贺菌属、爱德华菌属为阴性，沙门菌属、克雷伯菌属、产气杆菌、某些变形杆菌为阳性。

IMViC 试验常用于肠道杆菌的检验，大肠埃希菌的 IMViC 试验结果是"＋＋－－"，少数"－＋－－"；产气荚膜杆菌的是"－－＋＋"。

（六）明胶液化试验

明胶是一种胶原蛋白，不具有一般蛋白质加热凝固的特性，其水溶液在 24℃ 以下会凝固成固体，高于 30℃ 左右即熔化。有些微生物由于具有胶原酶可以直接将明胶分解为氨基酸，分解后的明胶，凝固力降低，低于 20℃ 时不再凝固，呈液化状态。

方法：取待检菌的新鲜培养物穿刺接种于明胶培养基管内，穿刺深度接近于培养基底部，置 20℃ 恒温培养 2～5d，判断结果前，取出放置 0～4℃ 冰箱内 10～30min。如有菌生长，明胶表面无凹陷，且为稳定的凝块，则为明胶水解阴性；如明胶呈液体状，则明胶水解阳性；如有菌生长，明胶未液化，但明胶表面菌落下出现凹陷小窝（需与对照管比较，因培养过久的明胶也会因水分散失而凹陷）也是轻度水解，按阳性对待（图2-6）。

本试验为细菌鉴定的常规试验法。铜绿假单胞菌、荧光假单胞菌、腐败假单胞菌等为阳

图 2-6　明胶液化试验

性反应，肠杆菌科细菌多数为阴性反应。

生化试验种类很多，可以根据酶作用的特异性，测定酶的存在，如鉴别沙门菌的赖氨酸脱羧酶试验、鉴别铜绿假单胞菌的氧化酶试验、鉴别金黄色葡萄球菌的血浆凝固酶试验；也可根据细菌对理化条件和药物试剂的敏感性，观察细菌的生长情况，如鉴别铜绿假单胞菌的42℃生长试验、鉴别沙门菌的氰化钾试验。

五、血清学检测

对同种而不同型的微生物，即使利用生化试验往往也无法区分，需借助血清学技术才易于区别。同种不同型的微生物其抗原物质不同，与相应的抗体可以发生特异性的识别与结合。这种结合可以通过多种检测方法进行测定，从而划分不同血清型的菌株或毒株，沙门菌鉴别采用的血清学凝集试验即为此例。

随着现代科学技术的发展，对微生物代谢活动的认识不断深入，新的快速、自动化的检测手段不断出现，如气相色谱分析、分子生物学技术等已经用于微生物分类鉴定。

第三章
消毒与灭菌

微生物广泛分布于土壤、水体、空气等自然环境中，动植物和人的体表以及某些腔道中也存在微生物的活动。适宜条件下，它们快速生长繁殖；若环境条件不利，其生长繁殖则受到抑制，甚至死亡。无处不在的微生物可导致生产和生活资料腐败变质、产品污染，使人和动植物发生病变，因此，在实际工作中需采取有效的方法加以控制。消毒灭菌就是通过一定的物理、化学或生物学方法改变微生物生长繁殖条件、破坏微生物的结构、影响其生理功能，从而抑制或杀死微生物，减少或防止微生物带来的危害。以下为消毒灭菌方法中常用的术语。

（1）消毒　采用理化方法杀死物体或介质中的病原微生物。消毒的主要对象是病原微生物，对芽孢及非病原微生物不一定有致死作用，消毒的目的是达到无害化处理。

（2）灭菌　采用理化方法杀死或除去物体及介质中的所有微生物。灭菌对象包括芽孢和繁殖体、有致病性和无致病性的各类微生物，灭菌后的物品没有活的微生物存在称为无菌。从定义来说，无菌是绝对的概念，但在实际工作中，无菌是相对的。一般规定灭菌处理后单位产品上存在活微生物的概率为 10^{-6}，即百万件灭菌物品中允许不超过一件仍有活的微生物存在即认为达到灭菌要求。

（3）防腐　采用理化方法抑制或防止微生物生长繁殖，微生物一般不死亡。用于防腐的化学试剂称为防腐剂，同一化学药品在高浓度时为消毒剂，低浓度时常为防腐剂。

（4）无菌操作　防止微生物进入机体或操作对象的方法。例如微生物学实验中要注意防止污染和操作人员感染，进行外科手术时防止微生物进入创口，用无菌法制药工艺生产非最终灭菌的无菌制剂部分关键工序都称为无菌操作。

消毒灭菌方法有物理消毒灭菌法、化学消毒灭菌法和生物学消毒灭菌法三大类，在实际工作中应根据消毒灭菌的对象和目的要求不同，选择适宜的方法。

第一节　物理消毒灭菌法

物理消毒灭菌方法是通过物理因素去除微生物或破坏微生物的成分和结构，影响其代谢，损害其生理功能，从而达到杀灭微生物的目的。物理方法效果可靠，无残留，是实践中常用的消毒灭菌方法，主要包括热力消毒灭菌法、辐射（照）灭菌法、过滤除菌法、超声波消毒法、微波杀菌法、渗透压法及低温抑菌法等。

一、热力消毒灭菌法

高温可使菌体蛋白质凝固变性、酶失活，核酸断裂，核糖体解体，细胞膜结构破坏，从而导致菌体死亡。热力法是最可靠而普遍应用的方法，热力灭菌法包括干热灭菌法和湿热灭菌法两大类，在同一温度下，后者的灭菌效力比前者大。这是因为：

① 湿热有水条件下菌体蛋白质较易凝固变性。

② 湿热蒸汽的穿透力比干热空气强，容易到达灭菌物体的内部。

③ 湿热的蒸汽有潜热存在。

水由气态变为液态时放出的潜热，可迅速提高被灭菌物体的温度。湿热条件下各类微生物对热力的抵抗力为：绝大多数病毒 $56 \sim 60^{\circ}C$ 30min 灭活；不形成芽孢的细菌一般 $55 \sim 60^{\circ}C$ $30 \sim 60$min 死亡；湿热 $80^{\circ}C$ 持续 $5 \sim 10$min 几乎可杀死所有细菌繁殖体和真菌；细菌芽孢耐热性最强，需 $121^{\circ}C$ 持续 $15 \sim 30$min 才死亡。

（一）干热灭菌法

干热灭菌是没有水分参与的灭菌过程，其原理是通过干热作用使微生物机体脱水干燥、大分子变性、炭化，致其死亡。

1. 焚烧

将灭菌物品直接点燃或置焚烧炉内烧毁，将其变为无害的灰烬。焚烧是一种最彻底的灭菌方法，但仅用于处理废弃的病原微生物污染物品或携带病原微生物的动、植物尸体。

2. 灼烧

灼烧是直接用火焰加热物品表面，杀死微生物，是无菌操作的辅助灭菌手段。适用于微生物学实验室的接种操作器材及急救处理器械，如接种环、接种针、试管口、三角瓶口、手术刀、手术剪、金属镊子等，灭菌物品为金属、玻璃、陶瓷等耐高温、不可燃的制品。

3. 烘烤

也称为干烤，是将物品置于烘箱中，利用干热空气杀菌，因空气传热慢，灭菌时间较长。物品包装后置烘箱中，一般加热至 160～170℃ 持续 2h 即可灭菌；180℃ 2h 或 250℃ 30min 可去除热原。适用于高温下不变质、不损坏、不蒸发、怕湿的物品，一般为玻璃、瓷器、金属等材质，如培养皿、试管、三角瓶、吸量管、玻质注射器、剪刀、金属镊子、研钵等。某些耐干热的药粉、滑石粉、油性物质（如凡士林、注射用油、石蜡等）等也可用此法灭菌。而培养基、橡胶制品、塑料制品等不能用干热灭菌。烘烤灭菌时，烘箱内装入物品不宜过密，应留有空隙，利于热空气流动；过密，则箱内温度不均，会导致部分物品灭菌不彻底。

4. 红外线

利用红外线产生的热效应灭菌。红外线是一种 0.77～1000μm 波长的电磁波，有较好的热效应，尤以 1～10μm 波长热效应最强。物品吸收红外线即可转化为热能，不需要空气传导，加热速度快。红外线的杀菌作用与干热相似，利用红外线烤箱灭菌的所需温度和时间与干热灭菌相同。

人受红外线照射时间过长会感觉眼睛疲劳及头疼，长期照射会造成眼内损伤，因此，工作人员应戴能防红外线伤害的护目镜。

生物安全柜中不能使用酒精灯，用于接种环灭菌的红外线灭菌器也是利用远红外线的热效应灭菌（图 3-1）。

图 3-1 红外线灭菌器

（二）湿热灭菌法

湿热灭菌法是以压力蒸汽或其他湿热灭菌介质为热的传导介质，使蛋白质变性、凝固从而杀灭微生物的方法。

1. 煮沸消毒灭菌法

煮沸灭菌法是将物品浸没水中加热煮沸从而杀死微生物的方法。标准大气压下煮沸（100℃）5～10min 能杀死细菌繁殖体、真菌、病毒等，但不能杀灭芽孢，需煮沸数小时才能杀死芽孢。在水中加入 2% 碳酸钠可提高其沸点达 105℃，既可促进芽孢的杀灭，又能防止金属器皿生锈。煮沸法主要用于餐具、刀、剪、注射器等物品的消毒。

2. 流通蒸汽消毒法

采用流通蒸汽杀死微生物的方法。100℃蒸汽持续15～30min可杀死细菌繁殖体，此法设备简单，操作方便，但不能完全杀灭芽孢。常用于餐具、小容量不耐高温的注射剂、输送管道、大容器等物品的消毒。因不能保证完全灭菌，故用此法消毒的化妆品生产过程要尽量避免污染，消毒时物品的包装不宜过大、过紧以利于蒸汽穿透。

3. 间歇蒸汽灭菌法

利用反复多次的蒸汽间歇加热杀死微生物的方法。用流通蒸汽加热15～30min可杀死物品中的繁殖体，但芽孢尚有残存，取出后放37℃恒温箱过夜，使芽孢发育成繁殖体，次日再蒸一次，如此连续三次以上可达灭菌效果。本法适用于不耐高温的物品、营养液、培养基（如含血清、糖、牛奶）的灭菌。

4. 巴氏消毒法

巴氏消毒法是一种利用较低的温度杀死液体中的病原微生物或杂菌的消毒方法。常用方法是63℃维持30min或72℃维持15s，后者较常用。常用于牛奶、酒类、糖浆、果汁等不耐高温的食品的消毒，这种消毒方法还能保持食品原有的营养和风味。

5. 高压蒸汽灭菌法

利用高压饱和水蒸气灭菌，在专门的高压蒸汽灭菌器中进行，将灭菌物品置灭菌器内，排净冷空气后，灭菌器内的温度随着蒸汽压力的增加而升高，在一定温度下持续适当的时间即可杀灭包括芽孢在内的所有微生物，是热力灭菌法中使用最普遍、灭菌效果最好的一种方法。适用于普通培养基、生理盐水、生产原辅料、耐热大容量注射剂、玻璃容器、胶塞、管道、医疗器械、医用敷料、手术用具及无菌工作服等耐高温高压及耐湿物品的灭菌。一般物品的灭菌条件为103.4kPa（1.05kg/cm^{2}或15lbf/in^2），121.3℃维持15～30min；含糖培养基高温易炭化，采用68.95kPa（0.703kg/cm^{2}或10lbf/in^2），115℃维持15～30min灭菌。实际工作中的灭菌参数可视灭菌对象的性能作出调整，并通过灭菌效能验证。

常用的高压蒸汽灭菌器有手提式、立式和卧式三种类型（图3-2），可根据不同的需要作出选择。使用高压蒸汽灭菌器的注意事项：

① 定期检测仪表的灵敏度及监测灭菌效果。

图3-2　高压蒸汽灭菌器

② 合理放置物品：不宜过满、过密，装载量以灭菌器容积85%为宜，物品间应留有空隙，利于蒸汽流通。

③ 加热初期要排净冷空气：灭菌器内冷空气是否排净极为重要，由于空气的膨胀压大于水蒸气的，在同一压力下含有空气的蒸汽温度低于饱和蒸汽的温度，若空气未排净，可达到灭菌的压力，但达不到灭菌的温度。

④ 合理计算灭菌时间：应在排净空气后达到规定温度才开始计时。

⑤ 压力降至0时，方可打开排气阀，开盖取物，趁热烘干包扎材料。

二、辐射（照）灭菌法

辐射（照）灭菌法是利用电磁辐射产生的电磁波杀死微生物的一种方法。用于杀菌的电磁波可分为非电离辐射和电离辐射，前者如微波、紫外线（UV）等，后者如X射线、γ射线、高速电子束等，它们都能通过特定的方式影响微生物生长或杀死微生物。

（一）紫外线消毒法

紫外线是介于紫光和X射线间的光波，波长240～280nm的紫外线具有很强的杀菌作用，其中以253.7nm作用最强。紫外线主要作用于DNA，使DNA链上相邻的两个胸腺嘧啶共价结合形成二聚体，干扰DNA的复制与转录，导致微生物变异或死亡。此外，紫外灯照射后还可以产生O_3，O_3具有协同消毒的作用，其中以波长184.9nm的紫外线产生O_3最多，可用于制高臭氧紫外灯。紫外线具广谱的杀菌作用，对各类微生物均有效果，日光照射对紫外损伤的微生物具有修复作用，因此进行紫外消毒时不要同时打开日光灯。

紫外线穿透力较弱，不能穿过普通玻璃、塑料薄膜、纸张，对能直接照射到的微生物杀伤作用强，因此消毒时必须使消毒部位保持干净、充分暴露于紫外线下。紫外线能透过石英，常用石英制作紫外灯罩。利用紫外消毒的装置有固定于室内的紫外消毒灯和可移动的紫外消毒器，后者主要用于局部消毒，便于移动或携带，适用于局部近距离或小物件的消毒（图3-3）。

(a) 紫外空气消毒器　　　　(b) 紫外水体消毒器

图3-3　紫外线消毒器

紫外线灭菌法适用于空气（如生产洁净车间、微生物实验室、手术室、病房）、物品表面（如洁净车间及病房台面、地面、天花板、设施）、水体及其他液体的消毒。紫外线对人体皮肤、眼睛有损伤作用，不能在有人的情况下直接照射使用，测定紫外线强度时应穿戴防护眼镜和防护服装。

影响紫外线灭菌效果的因素：

① 辐照剂量　辐照剂量是所用紫外线灯在照射物品表面处的辐照强度和照射时间的乘积，对杀菌效果起决定性的作用。不同的微生物对紫外线的敏感性不同，致死的辐照剂量也有很大的差异。微生物对紫外线抵抗力由强到弱依次为真菌孢子、细菌芽孢、抗酸杆菌、病毒、细菌繁殖体，实际工作中可根据杀菌所需的辐照剂量及紫外线光源的辐照强度，计算出需要照射的时间。另外，紫外消毒器的辐照强度随使用时间延长而下降，使用期间需定期检测，根据检测的结果调整照射时间，必要时则需更换紫外灯管。紫外灯的寿命一般为1000h。

② 照射距离　室内固定消毒时，紫外灯装在天花板或墙面，应离地2.5m左右；对污染表面消毒时，灯管离污染表面不宜超过1m；用于水体消毒时，紫外灯可装在水内或水外，水内紫外光源应装有石英玻璃保护罩。无论哪种方式，水层厚度不应超过2cm。

③ 消毒环境　消毒环境的温度、湿度、灯管外和空气中的尘埃、水中的粒子会影响其杀菌效果，紫外线杀菌的适宜的温度范围是20～40℃，相对湿度40％～60％；灯上的灰尘、油污，空气中的灰尘，水中的颗粒杂质都会降低其消毒效果，应经常（一般可两周一次）用酒精棉球擦拭清洁灯管外表，紫外灯与消毒物品间不应有其他物品相隔。

《化妆品生产许可工作规范》（2015版）中规定使用中紫外线灯的辐照强度不小于$70\mu W/cm^2$，并按照$30W/10m^2$设置。

（二）电离辐射灭菌法

高速电子束、X射线和γ射线等能使作用物质直接或间接地发生电离现象，称为电离辐射。在足够剂量时，电离辐射对各种微生物均有致死作用，可用于物体的消毒灭菌即为辐射灭菌。其杀菌机制是：

① 高能射线直接作用于微生物的DNA链，导致DNA断裂。

② 高能射线作用使物质产生自由基（H·、OH·、HO$_2$·等），间接破坏微生物的核酸、蛋白质和酶，从而杀死微生物。常用于灭菌的辐射源是利用电子加速器产生的高速电子束、X射线及利用放射性元素^{60}Co、^{137}Cs产生的γ射线。

辐射灭菌优点如下。

① 穿透力强，可透过各种包装材料，适用于封装物品的灭菌。

② 不使物品升温，称为冷灭菌，适用于不耐热物品的灭菌。

③ 灭菌效果可靠，操作简单。

④ 无环境污染，无毒性残留。

辐射灭菌已广泛运用于原料药、化妆品、药品、医疗器械、食品及生物组织的消毒灭菌。有研究表明辐射灭菌对固体产品的质量影响较小，对液体产品的质量影响较大，反复多次辐射灭菌，会破坏产品的成分，使质量下降。

三、过滤除菌法

过滤除菌法是利用过滤器通过物理阻留方法去除液体或空气中的微生物和其他颗粒成分，达到除菌除尘的目的，此法不能杀死微生物。主要用于一些不耐热的药液（如血清、生物制品、抗生素）、水以及空气等的除杂、除菌，过滤法一般不能除去病毒、支原体及 L 型细菌。过滤除菌的原理主要有拦截、惯性碰撞、重力沉降、静电吸附、布朗运动等作用方式，实践中往往多种方式联合使用。

过滤介质种类很多，主要有垂熔玻璃、砂滤棒、多空陶瓷、石棉、微孔滤膜、活性炭、硅藻土、无纺布、超细玻璃纤维等。液体常用过滤介质有垂熔玻璃、微孔滤膜、砂滤棒、多空陶瓷、硅藻土、石棉等。微孔滤膜是以硝酸纤维素酯或醋酸纤维素酯为主要原料制成，具有操作简单、无脱落、吸附小、滤速快的特点，广泛用于化工、药品、食品、环保等领域及微生物检验。常见的滤膜孔径范围 $0.1\sim10\mu m$，用于除菌的滤膜孔径为 $0.22\sim0.45\mu m$，孔径 $3\sim15nm$ 的超滤膜可用于除热原。洁净车间、无菌室、发酵工业等其他净化空间的空气或其他气体可通过棉花、无纺布、活性炭、聚丙烯纤维滤纸、聚酯纤维滤纸、超细玻璃纤维纸和静电纺纳米纤维网等过滤介质的联合过滤作用，达到除尘或除菌的目的。

四、微波杀菌法

微波是一种波长为 $1\sim1000mm$、频率在 $300MHz\sim300GHz$ 之间的电磁波，可穿透玻璃、塑料薄膜与陶瓷等物质，但不能穿透金属表面。消毒常用的微波有 $2450MHz$ 与 $915MHz$ 两种，目前微波消毒设备可用于化妆品、食品、药品、医疗器械的消毒，制药行业主要用于中草药材、药粉、药丸等干燥及消毒，还可用于口服液的消毒灭菌。

微波的杀菌原理有热效应和非热效应：

① 热效应　微波作用使物质内的极性分子（如水分子）高速运动引起分子相互摩擦，从而使温度迅速升高，导致微生物死亡。微波加热时产热均匀，凡是微波能达到的地方，介质均能吸收微波并很快将其转化为热能，使温度升高，微波产生的热效应是其杀菌的主要原因。

② 非热效应　指除热效应以外的其他效应，如电效应、磁效应及化学效应等。在微波电磁场作用下，生物体内的一些分子将会产生变形和振动，使细胞膜的通透性增加，细胞膜的功能受到影响，细胞内蛋白质、酶、核酸等受到破坏，从而影响微生物的生长代谢。

物品的水分越多，微波灭菌的效果越好。微波的优点是作用时间短，被消毒物品几乎里外同时加热，加热均匀，对包装较厚或导热性差的物品也可进行加热，便于自动化流水线上的物品消毒。

五、超声波消毒法

超声波是不被人耳感受、频率高于 20kHz 的声波。超声波可裂解多数细菌，其中以革兰氏阴性菌尤为敏感，但不彻底。目前超声波主要用于细胞破碎以及西林瓶和输液瓶等内包装容器、胶塞、医疗器械的清洗消毒。超声波杀菌及清洁机制是利用它在液体中产生的空化作用，即超声波在液体中传播时会产生无数气泡，这些气泡快速形成并瞬间爆裂或内爆，产生高温、高压及强烈的冲击力，使微生物细胞破碎，物品表面的污物剥落，从而达到杀菌及清洁的目的。

超声波清洗技术具有洁净度高、速度快、效率高、自动化程度高、不受结构限制等优点，被广泛用于化妆品、药品的包装容器、医疗器械清洁及消毒。

六、低温抑菌法

低温可使微生物的酶活性下降，新陈代谢减慢，从而抑制其生长繁殖，可用于特殊中药材、食品的防腐防霉。当温度回升至适宜范围时，微生物又能恢复正常生长繁殖，因此低温也常用于微生物菌种的保藏。为避免解冻时对微生物的损伤，可在低温状态下真空抽去水分，此法称为冷冻真空干燥法，是目前保存菌种的最好方法，一般可保存微生物数年至数十年。

第二节　化学消毒灭菌法

许多化学药品能影响微生物的化学组成、物理结构和生理活动，从而发挥防腐、消毒甚至灭菌的作用。利用化学药物杀死或抑制微生物的方法称为化学方法，用于消毒的化学药物称为消毒剂，一般消毒剂在常用浓度下只能杀死细菌繁殖体，有些消毒剂在提高浓度和延长作用时间的情况下可杀死所有微生物，这类消毒剂又称为灭菌剂，如甲醛、戊二醛、环氧乙烷等。

化学消毒剂种类繁多，分为醛类、醇类、酚类、氧化剂、表面活性剂、烷化剂、重金属盐类、酸碱类和染料等。化学消毒剂的作用原理是：

① 促进微生物蛋白质变性或凝固，如酚类、醇类、醛类、重金属盐类、酸碱类。

② 干扰微生物的酶系统，影响其代谢，如氧化剂、重金属盐类可与细菌的功能基（如巯基）结合使有关酶失去活性。

③ 破坏微生物的表面结构，改变细胞膜的通透性，如酚类、表面活性剂等。

一、常用消毒剂

（一）醛类

常用的醛类消毒剂有甲醛和戊二醛，它们均能杀死细菌繁殖体、芽孢、真菌、病毒等，是一类很好灭菌剂。其作用机制是与微生物蛋白质反应，使蛋白质分子变性凝固，导致微生物死亡。甲醛和戊二醛对人体均有毒性，对皮肤、黏膜具有强烈的刺激性，会引起人体过敏，因此使用时要采取防护措施，避免直接接触，必要时要戴呼吸道防护器。

1. 甲醛

常以熏蒸或喷雾的方式对洁净区、微生物实验室、无菌室等场所进行空气消毒。进行空气消毒时，可将 $10mL/m^3$ 37％甲醛溶液倒入蒸汽加热发生罐使甲醛蒸气随空调送风系统进入洁净区，60min 后停止送风，密封系统熏蒸消毒 12～24h，然后再打开新风口，开启风机换风至室内无甲醛气味残留。为了加快消除甲醛，在消毒结束后可在进风口或室内放 25％氨水以中和甲醛。因甲醛有毒性及刺激性，不可用于皮肤消毒，也不宜用于食品、药品、化妆品存放处的空气消毒。此外甲醛有腐蚀性，长期使用会损坏室内的墙面、设备，因此尽管甲醛的消毒效果好，不宜经常使用。市售 37％～40％的甲醛溶液称为福尔马林，可用于处理动物和人体标本。

2. 戊二醛

戊二醛是一种广谱、高效的灭菌剂，比甲醛的腐蚀性小，常用于塑料、橡胶、金属制品、不耐热的医疗器械及精密仪器的消毒灭菌，特别是内窥镜的消毒灭菌，以 2％戊二醛溶液浸泡物品密闭作用 10～30min 可消毒，10h 可灭菌。戊二醛在碱性（pH7.6～8.5）条件下杀菌效果好，常用 0.3％的碳酸氢钠溶液配制，但此 pH 条件下稳定性差。由于戊二醛有刺激性和一定的毒性，配制与使用时，应采取保护措施，避免与皮肤直接接触，消毒灭菌后的医疗器械需用无菌水冲洗干净后方可使用。

（二）醇类消毒剂

醇类消毒剂中最常用的有乙醇和异丙醇。醇类的渗透力较强，脂溶性强，可进入微生物体内，使蛋白质变性凝固，导致微生物死亡。醇类可杀灭细菌繁殖体，破坏多数亲脂性病毒，但对真菌孢子作用较弱，对芽孢没有作用，多用于皮肤、直接接触药品的制药设备及医疗设备表面的消毒。乙醇常用的消毒浓度是 70%～75%，高于或低于此浓度消毒效果均不佳。异丙醇的杀菌作用强于乙醇，浓度65%～80%消毒作用最强，常用浓度为 70%。醇类杀微生物作用亦可受温度和有机物影响，而且易挥发，应采用浸泡消毒或反复擦拭以保证其作用时间。此外乙醇和异戊醇与其他消毒剂混合具有协同作用，国内外有许多用于手部皮肤快速消毒的复合醇消毒剂。

（三）酚类消毒剂

酚类常用的有苯酚和煤酚皂。两者都能使微生物的蛋白质变性、失活，能杀死细菌繁殖体，但对芽孢作用弱。

1. 苯酚

苯酚又名石炭酸，浓度为 3%～5% 溶液可用于器具、地面、墙面、家具及空气的消毒。由于苯酚对组织有腐蚀性、刺激性和毒性，目前已较少使用。0.1%～0.5% 的苯酚可用作生物制品、注射剂的防腐剂。

2. 煤酚皂

煤酚皂又名来苏尔，是甲基苯酚和肥皂水的混合物，有一定毒性，能杀死细菌繁殖体，对芽孢作用效果差，以喷雾、擦拭、浸泡等方式消毒。浓度为 2% 溶液可用于皮肤消毒，3%～5% 溶液可用于器具、地面、墙面、家具及空气的消毒，作用时间 30～60min。不用于直接接触化妆品、药品、食品的物品消毒。

（四）含氯消毒剂

含氯消毒剂是指溶于水后能产生次氯酸的消毒剂。含氯消毒剂包括无机氯消毒剂（如液氯、次氯酸钠、漂白粉、二氧化氯等）和有机氯消毒剂（如二氯异氰尿酸钠、三氯异氰尿酸等），其杀菌有效成分常以有效氯表示（有效氯：不是指氯的含量，指含氯消毒剂的氧化能力与多少氯气的氧化能力相当，常用 mg/L 表示）。含氯消毒剂杀菌作用很强，可迅速杀灭细菌繁殖体，对真菌和病毒也有作用，二氧化氯、二氯异氰尿酸钠等还可杀灭芽孢。其杀菌原理是：

① 次氯酸是强氧化剂，它能直接进入细菌的胞体内，氧化磷酸脱氢酶，导致糖代谢紊乱而致细菌死亡。

② 次氯酸分解产生氧化性极强的新生态氧，使微生物的蛋白质等物质氧化变性。

③ 氯与细胞膜结合形成氮氯化合物，干扰微生物的代谢，从而导致微生物死亡。

含氯消毒剂因其高效、速效、广谱、无残余毒性、价廉，广泛用于水体、餐具、物品表面、预防性、疫源性及医院的消毒。常用的杀菌浓度为含有效氯100～1000mg/L，作用方式有浸泡、擦拭、喷雾及干粉消毒，作用时间10～30min。由于含氯消毒剂稳定性差，有刺激性和漂白作用，易受有机物影响，对金属有腐蚀性，浸泡消毒时物品要清洗干净，需加盖密封，并及时更换或补充有效氯，且不宜用于金属器械、皮肤、黏膜的消毒，应现配现用。

（五）过氧化物类消毒剂

过氧化物具有强氧化能力，能破坏各种微生物的蛋白质，使微生物死亡。这类消毒剂包括过氧化氢、过氧乙酸和臭氧等。它们具有广谱、高效、速效、无残余毒性的优点。但不稳定、易分解，分解前有刺激性和毒性，对物品有漂白或腐蚀作用。

1. 过氧乙酸

过氧乙酸属强氧化剂，极不稳定，易分解，具较强挥发性，浓度大于45%即有爆炸性，有毒性和刺激性。过氧乙酸的杀菌能力强，可用作灭菌剂，常用于耐腐蚀物品、环境、空气的消毒。0.2%～0.5%溶液可用于浸泡、擦拭及喷雾消毒；1.0%的溶液浸泡物品30min以上可杀死芽孢；1～3g/m³熏蒸30min以上可用于环境及空气消毒。过氧乙酸应现配现用。

2. 过氧化氢

3%过氧化氢水溶液俗称双氧水，是一种强氧化剂，消毒效果好，无残余，适用于皮肤、伤口、设备表面、空气及食品消毒，使用方式有擦拭、冲洗、喷雾、浸泡等。

常温下过氧化氢气体比溶液杀菌作用更强。气体过氧化氢灭菌器可将过氧化氢溶液闪蒸为过氧化氢蒸气，过氧化氢气体可解离生成有高活性的羟基，破坏微生物的细胞成分，如脂类、蛋白质和DNA，可杀死细菌、真菌、病毒及芽孢，达到消毒或灭菌的目的，作用后的气态过氧化氢分解为无毒的水和氧气。气态过氧化氢消毒灭菌技术因其高效、安全环保、无残余毒性，逐步用于药品、医疗器械、食品生产车间、微生物实验室及医院手术室的环境消毒。

3. 臭氧

臭氧是强氧化剂，可以杀灭各种微生物，并可破坏肉毒杆菌毒素，可用于水、空气、物品表面、设备的消毒。臭氧在水中杀菌速度较氯快，消毒后无残余毒性，且能除去水中的异味和颜色，是一种比较理想的水消毒剂。

（六）环氧乙烷

环氧乙烷（简称 EO）是一种简单的环氧化合物，分子式为 C_2H_4O，分子量为 44.05，常温、常压下是无色气体，易燃、易爆、有毒，空气中含量高于 3%（体积分数）即有爆炸的危险。环氧乙烷是使用最多的气体灭菌剂，杀菌能力强，杀菌范围广，可杀灭所有微生物，是一种低温灭菌剂。其杀菌机制主要是使微生物的蛋白质烷基化，使蛋白质变性，酶失活，导致微生物死亡。环氧乙烷的穿透力强，对物品的破坏小，常用于医疗器械、卫生用品及精密仪器的消毒与灭菌，几乎所有医疗用品均可用 EO 灭菌，EO 灭菌是目前国内无菌器械及一次性使用的医疗卫生用品最常用的消毒灭菌方法。

（七）碘伏

碘可作用于微生物的蛋白质，使蛋白质变性，酶失活，导致微生物死亡。碘伏是碘与表面活性剂（如聚乙烯吡咯烷酮、聚乙氧基乙醇）的不定型结合物，表面活性剂既是碘的载体又兼有助溶作用，使碘逐步释放，延长碘的作用时间。碘伏对人体的刺激性和过敏作用小，杀菌范围广，可杀灭细菌繁殖体、真菌和部分病毒、芽孢。有效碘 0.5%～1.0% 的碘伏可用于物品表面、皮肤、黏膜、创面的擦拭或冲洗消毒，也用于医院病人手术部位的消毒。

（八）季铵盐类消毒剂

季铵盐类消毒剂属于阳离子表面活性剂，可改变细菌细胞膜的通透性，使细菌裂解死亡。常用于消毒的表面活性剂有洁尔灭（苯扎氯铵）、新洁尔灭（苯扎溴铵）、度米芬（十二烷基二甲基－2－苯氧乙基溴化铵）和一些复合类季铵盐消毒剂等。

新洁尔灭，是一种低毒、无刺激性气味、无腐蚀性、性质稳定、可长期储存的消毒剂，对革兰氏阳性菌作用较强，对革兰氏阴性杆菌及肠道病毒作用弱，对结核分枝杆菌及芽孢无效。浓度 0.1%～1.0% 的新洁尔灭溶液可用于洁净车间环境设施、皮肤、黏膜、医用器械等的消毒。

（九）其他化学消毒剂

高锰酸钾是强氧化剂，可使蛋白质、酶变性，浓度 0.1% 的溶液可用于皮肤、黏膜、器械、果蔬消毒。强酸、强碱可干扰微生物代谢，甚至导致微生物死亡，$1～1.5mL/m^3$ 的乳酸可用于房间空气的熏蒸消毒，20% 的石灰水可用于地面、排泄物的消毒。

二、影响消毒效果的因素

化学消毒剂的消毒灭菌效果受环境、微生物种类及消毒剂本身等多种因素的影响。

（一）消毒剂的性质、浓度与作用时间

各种消毒剂的理化性质不同，对微生物的杀灭效果也有差异。例如用不同的化学消毒剂浸泡杀灭炭疽芽孢杆菌的芽孢，0.5％过氧乙酸 5min，10％甲醛溶液 15min，新配 5％石炭酸溶液则需 5 天。

同一种消毒剂浓度不同，消毒效果存在差异，绝大多数消毒剂在高浓度时杀菌作用大，当降至一定浓度时只有抑菌作用，但醇类例外。

消毒剂在一定浓度下，作用时间越长，消毒效果也越好。如 2％戊二醛溶液浸泡物品，持续 30min 达到消毒效果，用于灭菌则需作用 10h。

（二）微生物的种类、生理状况与数量

同一消毒剂对不同微生物的杀灭效果不同，与细菌的数量、菌龄及是否形成芽孢等也有关系。一般幼龄菌比老龄菌敏感，芽孢抵抗力最强；菌量越多，所需消毒时间越长，微生物污染特别严重时，应加大消毒剂的浓度和（或）延长作用时间。例如新洁尔灭对革兰氏阳性菌的杀灭能力比革兰氏阴性菌强，对结核分枝杆菌、真菌的杀灭效果差，不能杀灭芽孢。70％的乙醇可杀死一般细菌繁殖体、结核分枝杆菌，但对芽孢作用不大。甲醛、环氧乙烷熏蒸，作用时间长则可杀死芽孢。

（三）温度

一般温度升高消毒剂的消毒效果可随之提高，如 5％的甲醛溶液杀灭炭疽杆菌的芽孢，20℃时需 32h，37℃条件下只需 1.5h。但对有挥发性的消毒剂，温度高易造成浓度降低。

（四）酸碱度

消毒剂的杀菌作用受酸碱度的影响。如戊二醛在碱性（pH7.6～8.5）条件下杀菌能力强，pH9 以上易聚合失效；含氯消毒剂在碱性条件下稳定，杀菌最适 pH6～8，pH＜4 时易分解。

（五）有机物及拮抗物质

消毒环境中的有机物质往往能抑制或减弱消毒因子的杀菌能力，特别是化学

消毒剂的杀菌能力。这是因为一方面有机物包围在微生物周围，对微生物起到保护作用，阻碍消毒因子的穿透；另一方面在化学消毒剂中，有机物本身也能通过化学反应消耗一部分化学消毒剂。各种消毒剂受有机物的影响不尽相同，如有机物存在时，含氯消毒剂的杀菌作用显著下降；季铵盐类、双胍类和过氧化合物类的消毒作用受有机物的影响也很明显；但环氧乙烷、戊二醛等消毒剂受有机物的影响比较小。在消毒皮肤和器械时，必须先洗净再消毒，且尽量选用受有机物影响较小的消毒药物。如果有机物存在，消毒剂量则应加大。

拮抗物质对化学消毒剂会产生中和与干扰作用。如：季铵盐类消毒剂的作用会被肥皂或阴离子的洗涤剂所中和；酸性或碱性的消毒剂会被碱性或酸性的物质所中和，减弱其消毒作用。

（六）相对湿度

空气的相对湿度对气体消毒剂影响较大。环氧乙烷消毒相对湿度一般以80％为宜，小于60％则无效；甲醛熏蒸相对湿度以80％～90％为宜；臭氧用于物品表面消毒时，相对湿度≥70％才能达到消毒效果。

（七）其他因素

不同消毒剂的穿透力大小、表面张力大小等因素也会对消毒效果有重要的影响。

三、化学消毒剂的选用原则

（一）安全性

消毒剂尽量无毒、无刺激性、无腐蚀性，并严格掌握消毒剂的有效浓度、消毒时间和使用方法，消毒剂、消毒后残留物和使用过程中的挥发物，对使用者、工作人员不应有伤害，且不对设备、原料、成品和环境产生污染。

（二）有效性

根据物品的性质及微生物的特性，选择合适的消毒剂。所选消毒剂须能达到可靠的消毒效果，能保证达到各类情况和场所要求控制的化妆品微生物指标。

（三）稳定性

消毒剂性质稳定，不易氧化分解，不易燃易爆，适于贮存。不会因环境中存在的有机物和拮抗物质而影响杀菌效果。

（四）经济性

消毒剂尽量使用方便，价格低廉，做到经济实用。

四、化学消毒剂在化妆品生产中的应用

化学消毒剂广泛应用于化妆品生产各环节的消毒，使用方法有熏蒸、喷雾、表面擦拭、浸泡及防腐。

（一）气态消毒剂

以气态或蒸汽形式使用的消毒剂有甲醛、环氧乙烷、臭氧、气态过氧化氢、丙二醇、乳酸、过氧乙酸等，适用于洁净车间、传递窗、无菌室等密闭空间的消毒。通过熏蒸方式对其中的空气、设施、地面、墙壁、天花板、门窗表面等进行彻底的消毒，可消除死角处的微生物污染。但熏蒸后要确认消毒剂的残留水平，保障产品及操作人员的安全。

（二）擦拭或浸泡消毒

用于洁净车间设备表面擦拭，生产工具、工作服、清洁工具浸泡消毒的消毒剂种类繁多，常用的有 0.2％～0.5％过氧乙酸、0.1％新洁尔灭、2％来苏尔、0.5％ 84 消毒液、5％～10％漂白粉、70％～75％乙醇、0.1％洗必泰（氯已定）、2％戊二醛、5％石炭酸，这些消毒剂也可以喷雾的方式用于室内空气和设施的消毒。0.1％新洁尔灭、2％来苏尔、70％～75％乙醇、0.1％洗必泰常用于操作人员的皮肤消毒。

（三）防腐剂（详见第六章）

消毒灭菌方法除物理方法和化学方法外，还可采用生物抗菌法。如利用噬菌体选择性裂解宿主菌，利用抗生素干扰微生物代谢，利用细菌素抑制敏感菌株生长等，均可达到抑菌或杀菌作用。

第三节　高压蒸汽灭菌法的灭菌效能验证

高压蒸汽灭菌法是从事微生物相关工作及化妆品工业中最常用的灭菌方法，其灭菌效果直接影响到微生物试验的成败及化妆品的卫生质量，为此实践中除了应定期对高压蒸汽灭菌器各仪器物理参数进行验证外，还要进行灭菌效能验证。灭菌效能验证的基本原理是采用灭菌指示剂法测定在设定的灭菌参数下经过一个灭菌周期，灭菌对象是否达到无菌要求，以此评价其灭菌效能是否符合规定。

一、试验器材

（一）基准被灭菌物品

无论哪种灭菌方法，首先都必须选择和确定基准被灭菌物品。选取的基准被灭菌物品应接近于可代表最难达到灭菌的物品组合，以此物品满载模式作为验证时的装载模式。基准被灭菌物品可以是灭菌标准包或准备灭菌的物品，若以培养基等待灭菌物品进行测试，则要选择组合方法最复杂、风险较大、最难灭菌的做基准被灭菌物品，其装载方式要能代表其余物品的任何方式的混合装载。

（二）高压蒸汽灭菌法灭菌指示剂

1. 化学指示剂

121℃高压蒸汽灭菌化学指示卡，灭菌前黄色，灭菌后黑色；或121℃灭菌指示管，管内装苯甲酸（熔点121～133℃），灭菌前后苯甲酸的形状发生改变。化学指示剂不够准确，主要用于日常监控。

2. 生物指示剂

嗜热脂肪杆菌芽孢（ATCC 7953）菌片，含菌量为$1.0×10^6～5.0×10^6$CFU/片或自含式高压蒸汽灭菌生物指示剂。生物指示剂能真实反映灭菌是否彻底，用于灭菌效能验证或日常监控。

（三）培养基

溴甲酚紫葡萄糖蛋白胨水培养基，用于压力蒸汽消毒过程检测指示菌（嗜热脂肪杆菌芽孢）的培养及消毒效果测定。自含式高压蒸汽灭菌生物指示剂已经自带培养基。

（四） 0～150℃留点温度计

留点温度计是指水银柱指示的位置不随着温度的下降而下降，仍留在并指示着曾经达到过的最高点。

二、确定灭菌参数

基准被灭菌物品、装载方式（达满载要求）、生物指示剂放置数量和方式、灭菌参数（灭菌温度、压力、时间）。

三、验证步骤

（一）装料

按设定的装载方式放置基准被灭菌物品，同时放置灭菌指示剂，单层灭菌器放 5 份，每份含 1 片嗜热脂肪杆菌芽孢菌片（或自含式生物指示剂），分别在上、中、下、左、右位置各放一份；双层的则放 10 份，靠近蒸汽出口、出水口、底部排气口，灭菌物品最难达到灭菌条件的位置可以视情况增加放置点。

（二）灭菌

按高压蒸汽灭菌器的说明或设定的参数（包括装载方式、装载量、灭菌温度、压力和时间）及操作规程操作，运行一个灭菌周期。

（三）灭菌结果检查

灭菌结束后，降压至 0 即可取出物品，收集指示芽孢菌片。将芽孢菌片分别接种于含溴甲酚紫葡萄糖蛋白胨水培养基管中，置 56℃培养 48h 至 5 天，培养基紫色未变，且未灭菌阳性对照菌片的回收菌量达 $1.0 \times 10^6 \sim 5.0 \times 10^6$ CFU/片，只含培养基的阴性对照无菌生长，说明培养基中无菌生长，芽孢已完全杀灭，在设定条件下灭菌器灭菌效果符合要求。若培养基由紫色变黄色，说明培养基中有菌生长，芽孢未完全杀灭，灭菌效果不符合要求。

自含式高压蒸汽灭菌生物指示剂由芽孢菌片、溴甲酚紫葡萄糖蛋白胨水培养基（密封在玻璃管内）及塑料外壳组成，灭菌后挤破塑料管内含培养基的玻璃管即可培养，不需另配培养基，参考说明条件培养，结果判断与芽孢菌片相同。

（四）验证结果评价

若各芽孢片培养结果均无菌生长，说明设定的灭菌参数下灭菌器灭菌效能符合规定。若任一芽孢菌片培养结果有菌生长则说明该灭菌参数下灭菌器的灭菌效能不符合规定。

四、注意事项

高压蒸汽灭菌法灭菌效能验证试验注意事项：

① 所用生物指示物和菌片须经卫健委认可，并在有效期内使用。

② 灭菌效果观察，样本检测稍有污染即可将灭菌成功的结果全部否定，故试验时必须注意防止环境的污染和严格遵守无菌操作技术规定。

③ 灭菌器内满载与非满载，结果差别较大，故正式试验时必须在满载条件下进行。

第四章
化妆品生产环节的微生物监控

第一节　化妆品的微生物防控概述

一、化妆品微生物防控的重要意义

　　微生物广泛存在于自然界，化妆品在生产、储运、使用过程中很容易受到其污染，从微生物生长条件的角度来看，化妆品原料繁多且营养丰富，具有微生物必需的碳源、氮源和矿物质。多种化妆品含有大量的水分，有利于微生物的生长，加上化妆品的 pH 在 4～7 之间，一般的储藏和使用温度也在 20～40℃，这些条件有利于微生物的大量繁殖。而一旦微生物大量繁殖，不但会破坏化妆品的成分和稳定性，导致化妆品变质（包括变色、霉斑和变味等），使功效降低或丧失，而且微生物的毒性代谢产物和部分病原微生物还可造成消费者的不良反应或继发性感染，甚至危及生命，因此化妆品要严格控制微生物的污染。

　　化妆品中微生物的污染主要有两种途径。一是在化妆品的生产、储存过程中受到微生物的污染，称为化妆品的一次污染，其直接影响化妆品的卫生及使用安全。造成一次污染的原因主要有原料的污染，设备、生产用具的污染和生产环境中受到污染。二是在消费者的使用过程中造成的污染，称为化妆品的二次污染。如用手涂抹化妆品时，手指上的微生物就会污染化妆品；再比如盛放化妆品的器具经常打开盖子，也会受到空气中微生物的污染。这些后续污染的微生物也可能在化妆品中大量繁殖，致使化妆品在使用过程中发霉、腐败等，大大增加了消费者使用化妆品的安全隐患。二次污染不可避免，所以化妆品在配方设计时往往要加入某些防腐剂，以防止微生物的二次污染。评估化妆品体系防腐剂的防腐效能，将在第六章详细讨论。

化妆品生产过程中还要注意微粒（悬浮粒子）的影响。微粒包括黏土颗粒、尘埃、有机颗粒及其他颗粒，是指粒径 $<50\mu m$ 的有毒有害粒子，$PM_{2.5}$、PM_{10} 就属于其范畴。微生物正是依附在这些微粒上，形成"微生物粒子"，随气流及布朗运动悬浮在空气中。空气中微粒越多，越容易带来微生物污染，所以，化妆品企业把车间划定不同级别的洁净区，严格控制微粒和微生物的数量。洁净区是否达到规定级别亦是通过测定空气中的悬浮粒子数量来判断衡量的。

二、化妆品微生物防控的质量思维

现代企业质量管理已经是全面质量管理的时代。质量，不是检测出来的，而是生产出来的。不管是化妆品生产的组织者、参与者还是生产者，都必须具备这样的意识，对化妆品的生产技术、加工工艺、产品特性、质量控制和安全管理有系统性的经验和学习。在产品生产的全过程必须始终紧扣微生物防控这根弦，这样生产出来的产品才是合格的有质量的。同时也要明确，质量是指一组固有特性满足要求的程度，可以定义为"符合使用需求"，只要符合要求达到的指标，它就是合格的产品。质量无级别之分。只要一个指标没达到，就是不合格，而不能说是质量上的差别。质量合格的产品是根据可靠的、与消费者有密切关系的数据基础定义出来的，一旦标准明确下来，就必须按此执行。因此我们要建立全面的质量保证体系和良好的操作规范，选用规定要求的原料，以合乎标准的厂房设备，由胜任的人员，按照既定的方法，这样才能制造出品质稳定、安全卫生的产品，满足广大消费者的要求。

第二节　化妆品生产过程的微生物控制

生产现场最核心的六要素是人、机、料、法、环、测。在化妆品生产过程中，六要素包括：人（操作者、管理者）、机（含生产用机器设备、配套设施、工器具等）、料（原料、包材——内包和外包、中间制品——半品和部品、生产辅料——用于生产但不构成产品组成部分）、法（工艺指导书、标准流程指引、生产图纸、生产计划表、产品作业标准、检验标准、各种操作规程等）、环（生产环境、含厂区外围、厂内环境，重点是车间内部环境）、测（检验、测试、监测的工具和方法，以及经过培训和授权的测量人）。按照与产品生产相关性（见图4-1），化妆品生产过程的微生物控制涉及原料、包装材料（内包）、生产设备、生产环境和生产人员这4要素5对象。这些要素（对象）一旦染菌，必然会污染到化妆品产品。

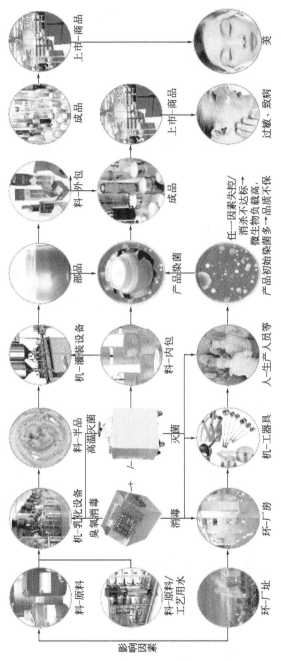

图4-1　化妆品一次污染相关因素——生产4要素

（1）原料　工艺用水（此处指作为配方成分添加到化妆品料体生产中的纯水）亦属于原料的一种。

（2）包装材料（内包）　内包是指直接接触化妆品产品料体的包装材料，如瓶、垫片、内塞、瓶盖、管、管塞、盖子、吸管、喷头、面膜袋等。

（3）生产设备　仅指直接或间接接触产品料体的生产设备及其附设的各类工器具。特别是配制用的搅拌锅、乳化锅、盛料容器、灌装机等。

（4）生产环境　主要包括先天环境（选址、厂房设计、装修等）、空气洁净度（包含微生物和尘埃粒子）。

（5）生产人员　包括其防护着装，工衣、工裤、工帽、手套等的洁净程度，作业规范程度和良好卫生习惯等。进入洁净区的其他人员也应纳入卫生监测范围。

实际工作中主要从这些要素（对象）进行全过程控制，将污染风险降到最低。

一、厂房设施及环境的微生物控制

（一）厂房选址及厂区环境

生产化妆品的厂房应设在大气含尘少、自然环境好、无空气和水的污染源，远离交通干道、货场，振动、噪声干扰少的环境。厂区内的环境要整洁，无积水和杂草，地面、道路平整，不露土，厂区的绿化面积要大，减少扬尘，垃圾、闲置物品等在指定地点存放，不得对生产带来污染。

《化妆品生产许可检查要点》中明确要求[1]，检查厂区周围是否有危及产品卫生的污染源，是否远离有害场所30m；厂房布局是否合理，各项生产操作是否相互妨碍。生产过程中可能产生有毒有害因素的生产车间，是否与居民区之间有不少于30m的卫生防护距离。

（二）厂房的布局与设施

根据所生产化妆品的质量要求，合理规划生产区、行政区、生活区和辅助区，防止产品在生产过程因受到厂区布局影响而产生污染及交叉污染，最大限度地对产品进行保护，避免污染及混淆。厂房设施应包括：

① 规范化的厂房建筑；

② 与工艺相适应的空气净化处理系统；

③ 符合产品要求的水处理系统；

④ 照明、通风系统；

---

[1] 国家食品药品监督管理总局《关于化妆品生产许可有关事项的公告》（2015年第265号）的附件2《化妆品生产许可工作规范》的附件3。

⑤ 清洗与消毒设施；

⑥ 安全设施。

生产区和存储区应有与生产规模和生产过程相适应的面积和空间，并合理布局。《化妆品生产许可检查要点》中规定：应按生产工艺流程及环境控制要求设置功能间（包括制作间、灌装间、包装间等）；应提供与生产工艺相适应的设施和场地；每条生产车间作业线的制作间、灌装间、包装间的总面积不得小于$100m^2$。

生产车间应规定物料、产品和人员在厂房内和厂房之间的流向，避免交叉污染。应按产品工艺环境控制需求分为清洁区、准清洁区和一般区。生产区之间应根据工艺质量保证要求保持相应的压差，清洁区与其他生产区保持一定的正压差。制定车间环境监控计划，定期监控。生产眼部用护肤类、婴儿和儿童用护肤类化妆品的灌装间、清洁容器存储间应达到30万级洁净要求。

（三）设备

生产设备的设计及选型必须满足产品特性要求，不得对产品质量产生影响。设备的设计与安装应易于操作，方便清洁消毒。

所有与原料、产品直接接触的设备、工器具、管道等的材质应得到确认，确保不带入化学污染、物理污染和微生物污染。与产品直接接触的生产设备（包括生产所需的辅助设备）表面应平整、光洁、无死角、易清洗、易消毒、耐腐蚀。

清洁与消毒所选用的润滑剂、清洁剂、消毒剂不得对产品或容器造成污染。应制定生产设备的清洁、消毒操作规程，规定清洁方法、清洁用具、清洁剂的名称与配制方法、已清洁（消毒）设备的有效期等。

二、空气的微生物控制

空气充满生产车间的每一个角落，虽然空气不是微生物生长繁殖的良好环境，但仍有不少细菌、霉菌和酵母菌，主要来自于尘埃颗粒、皮肤、衣服和飞沫。室内空气中微生物种类、数量与室内清洁度、温度、湿度有关，同时空气中设施材料、人员活动过程也会产生大量的尘粒。生产环境的尘粒和微生物分布会直接影响产品的质量，控制不当会引起整个生产区污染，造成严重后果和极大的经济损失。只有在空气符合洁净度要求的环境中才有可能生产出合格产品。

（一）洁净度等级

规定对尘粒及微生物污染需进行环境控制的房间（区域）称为洁净室（区）。根据化妆品生产环境的不同要求，将化妆品生产洁净室（区）的洁净度划分为100、1万、10万、30万四个等级（表4-1）。洁净度是指洁净环境内单位体积空气中含大于或等于某一粒径的悬浮粒子和微生物最大允许统计数。净化车间的洁净度指标应符合国家有关标准、规范的规定。

表 4-1 化妆品生产洁净室（区）洁净度级别表

洁净度级别	悬浮粒子最大允许数/(个/m³)		微生物最大允许数	
	≥0.5μm	≥5.0μm	浮游菌/(CFU/m³)	沉降菌/(CFU/皿,0.5h)
100	3500	0	5	1
10000	350000	2000	100	3
100000	3500000	20000	500	10
300000	10500000	60000	—	15

（二）洁净室（区）

洁净室（区）应能有效控制尘粒及微生物数量，洁净室（区）的建筑结构、装备及其作用均具有减少对该房间（区域）内污染源的介入、产生和滞留的功能。根据运行情况不同又可分为静态洁净室（区）和动态洁净室（区）。静态指洁净室（区）指所有生产设备均已安装就绪，但没有生产活动且无操作人员在场的状态。动态指洁净室（区）指生产设备按预定的工艺模式运行并有规定数量的操作人员在现场操作的状态。表 4-1 洁净度级别是指静态洁净室（区）的标准要求。

1. 洁净室（区）特点

（1）控制尘埃等非生命微粒污染物 微粒是微生物的载体，落入产品中会导致产品变质和对使用者造成过敏、发炎等危害。

（2）控制细菌、真菌、放线菌等微生物 微生物比非生命微粒的危害更大，因为，它们是"活的粒子"，在温度、湿度条件适宜的情况下，它们可大量繁殖，数量激增。

2. 洁净室（区）要求

① 洁净度符合相应等级的要求。

② 洁净室（区）内的设备设施应按生产工艺流程合理布局，流程尽可能短，与本岗位无关的人员或物料不得通过该区域。人流、物流要分开，且走向合理，减少交叉污染。应分别设物料净化房和人员净化房，物料净化房和洁净室之间、人员净化房与洁净室之间均应设气闸室，气流从洁净室吹向净化房。

③ 空气的流向：从洁净度要求高的区域流向低的，从不易产生污染的区域流向易产生污染的区域。

④ 压差：洁净区与非洁净区之间、不同洁净等级的洁净室之间的空气压差≥10Pa。必要时，相同洁净度级别的不同功能区域（操作间）之间也应当保持适当

的压差，产品洁净度要求相对高的气压高一些，防止外来污染及交叉污染。易产生粉尘的洁净室与其他区域应保持一定的负压差。

⑤ 温度、湿度控制：洁净室（区）温、湿度以操作人员感觉舒适，微生物不易滋长为宜，10 万级、30 万级洁净室（区）一般控制温度 18～26℃，相对湿度 45％～65％；100 级、1 万级洁净室（区）一般控制温度 20～24℃；相对湿度 45％～60％。温度过高、湿度过大有利于微生物生长繁殖。

⑥ 洁净室（区）内使用的设备、工具，其结构型式与材料有防止尘埃产生和扩散的作用，建材要光洁、耐腐蚀、易清洁，不易脱粒，发尘量少，并经得起反复多次消毒、清洁和冲洗。墙壁和顶棚常用彩钢板，地板常用环氧树脂、PVC、水磨石等材料。洁净室（区）内地面、墙面、顶棚及使用的设备、工艺装备、管道表面、操作台应平整、光洁、无裂缝、无霉迹，墙面与地面、顶棚交界处呈凹弧形，无死角、无颗粒脱落，不积尘，易于清洁和消毒。

洁净室（区）内设备结构简单，易于清洁和消毒，生产前后都要进行清洗和消毒。生产使用的设备，因材料和结构不同，消毒方法应有区别。大型容器类可用高压水枪冲洗后，再用热水、蒸汽、含氯消毒剂处理；而液体、气体传输管道、过滤除菌的过滤器、供水系统等密闭型设备可用高压蒸汽灭菌；塑料制品可用化学消毒剂擦拭或浸泡；工作台面可用紫外线照射或者用化学消毒剂擦拭。

一般情况下，洁净室（区）内所采用消毒剂的种类应当多于一种，不得用紫外线消毒替代化学消毒，100 级洁净室（区）使用的消毒剂和清洁剂要用注射用水（指纯化水经过蒸馏法或超滤法制备的同等要求的水）配制，必须无菌或经无菌处理。

洁净室（区）内设备所用的润滑剂、冷却剂、清洗剂等要确保不会对产品造成污染。

⑦ 有防尘、防虫、防鼠等设施。

（三）化妆品生产环境的洁净度要求

不同功能的化妆品车间，对环境洁净度的要求不同。不同应用途径、企业对环境洁净度的要求也不同。化妆品生产所需洁净室（区）在现行法规、标准要求上，仅对眼部和儿童用化妆品的生产车间有 30 万级的要求。其他类别的化妆品产品在洁净度上暂无明确要求。

但是在实践中，现在的绝大部分企业在厂房装修时，其半品储存间、洁材储存间、灌装间，甚至制作间（有的称为配料车间）均按照静态 10 万级的标准来设计。车间的空气洁净度高，则料体和接触料体的设备、器具和包材等污染微生物的风险就相对更低。

（四）空气卫生控制

1. 利用空气净化系统除尘除菌

安装空气净化系统是控制洁净室（区）卫生最重要措施。空气净化系统通过过滤、合理设计气流组织及换气次数、保持压差等措施净化空气，保障洁净度符合生产要求。

（1）空气过滤　过滤是最有效的除尘、除菌方法，空气经过滤处理可以控制其中的尘粒和微生物数量。根据过滤器的性能不同，空气过滤器可分为初效、中效、高中效、亚高效、高效及超高效等多种类型（图 4-2）。

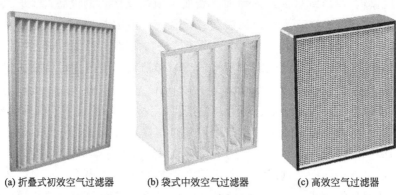

　(a) 折叠式初效空气过滤器　　(b) 袋式中效空气过滤器　　(c) 高效空气过滤器

图 4-2　初效、中效、高效空气过滤器

① 初效过滤器。主要用作对新风及大颗粒尘埃的控制，属于预过滤器，具有保护中、高效过滤器及空调系统的作用。主要过滤对象是 $\geqslant 5\mu m$ 的尘粒，滤材为 WY-CP-200 涤纶无纺布，水洗后可重复使用，滤除率小于 20%。

② 中效过滤器。主要用作中间过滤器，减小高效过滤器的负荷，具保护作用。主要过滤对象是 $\geqslant 1\mu m$ 尘粒，置高效过滤前，滤材与初效过滤相同，滤除率 20%～50%。

③ 高中效过滤器。可用作中间过滤器，亦可作为一般通风系统中的终端过滤器。主要过滤对象是 $\geqslant 1\mu m$ 的尘粒，滤材与初效过滤相同，滤除率 70%～90%。

④ 亚高效过滤器。可用作中间过滤器，亦可作为低端空气净化系统的终端过滤器。主要过滤对象是 $\geqslant 0.5\mu m$ 的尘粒，滤材一般为玻璃纤维制品、短纤维滤纸，可安装在洁净室送风口，滤除率 90%～99.9%。

⑤ 高效过滤器。用作送风及排风处理的终端过滤器，是洁净室必备的净化设备，主要去除 $\geqslant 0.3\mu m$ 的尘粒。滤材为超细玻璃纤维制品、合成纤维，滤除率大于 99.91%，对细菌的滤除率几乎达到 100%，一般安装在洁净室送风口。

⑥ 超高效过滤器。用作送风及排风处理的终端过滤，主要去除 $\geqslant 0.1\mu m$ 的尘粒，是建造高级别洁净室必备的净化设备。滤材为超细玻璃纤维纸。

空气净化系统一般分为三级过滤：第一级使用初效过滤器，第二级使用中（或高中）效过滤器，第三级使用亚高效或高效过滤器。作为末端过滤装置，高效过滤器决定着整个净化系统的运行效果。

（2）合理组织洁净室的气流形式和换气次数　气流组织是指为特定目的而在室内形成一定的空气流动状态与分布。气流的组织形式是净化环境的重要措施，一般有层流（单向流）、乱流（非单向流）和混合流三种形式（图 4-3）。

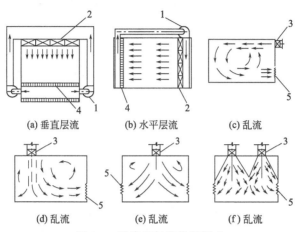

图 4-3　洁净室气流组织形式

1—风机；2—高效过滤器（满布）；3—高效过滤器送风口；4—回风格栅；5—回风口

乱流是指气流流线方向呈不断变化的不规则状态。其作用原理是经过滤处理的洁净气流从送风口送入洁净室时，迅速向四周扩散、混合，同时把等量气流从回风口排走，利用洁净气流稀释室内污染的空气达到净化目的，气流扩散得越快、越均匀，稀释效果越好。乱流优点是过滤器及空气处理简单，建造成本低，易扩充；缺点是尘埃粒子漂浮室内不易排出，易受人员活动的影响，易污染产品，自净时间长。1 万、10 万、30 万级洁净区为乱流。

层流是指气流流线呈均匀平行的直线，根据气流方向不同分为垂直层流和水平层流。层流洁净室内的洁净气流充满全室截面，平行匀速向前推进，就像个大活塞，把室内污染的空气推进回风口排至室外，从而达到净化室内空气的目的。所以，层流作用原理不是稀释作用而是直接排出污染空气。层流优点是一般不受室内人员作业状态的影响，因尘粒随运行气流排出，自身净化时间短，能保持较高的洁净度，缺点是造价高，不易扩充规模，设备维护麻烦。100 级洁净区为层流。

混合流是乱流和层流的联合使用，可以是乱流背景下局部采用层流，如乱流洁净室内配备单向流隔离操作系统或超净工作台，可提高局部洁净室等级。洁净室的换气次数也影响洁净度，洁净度等级越高要求每小时换气次数越多。

2. 定期消毒灭菌

经空气净化系统多重过滤处理的洁净空气，可以使洁净室（区）的微粒和微生物数控制在规定的范围内，但设备的运行，人员的活动，设备、建筑材料、工作服的表面均会产生微粒，从而滋生微生物。为了保证产品质量，洁净室（区）空气及其中的生产设备应做好清洁，并定期进行消毒灭菌，洁净室（区）可定期开紫外线灯，安装臭氧发生器，用化学消毒剂熏蒸、喷洒或擦拭消毒（可参见第三章化学消毒法）。

3. 使用能减少发尘量的材料

洁净室（区）所用设施、工具、工作服等使用不易脱落颗粒的材料。

4. 做好生产人员的管理

具体见操作人员要求。

三、生产人员的微生物控制

生产人员的体表及与外界相通的腔道分布大量微生物，人员的皮肤、毛发、衣物纤维、代谢产物等也是重要的污染源。人通过呼吸、讲话、打喷嚏散发细菌，通过身体不同动作散发微粒，成为洁净室（区）最大的污染源。所以在化妆品生产过程中，生产人员若有不良的卫生习惯或操作不规范，就可能通过手、伤口、咳嗽、打喷嚏、衣服、毛发等渠道将人体中的微生物带入到产品中，造成污染。为了保证化妆品的质量，对进入洁净室（区）的人员有严格的规范。

（一）人员要求

1. 化妆品生产人员基本要求

① 进行卫生方面相关培训，制定并严格执行人员卫生操作规程。生产人员应具备卫生学方面的基本知识，培养良好的个人卫生习惯，规范着装。

② 建立人员健康档案。直接接触化妆品的生产人员应进行岗前健康检查，取得健康证明后方可参加相应工作。以后每年至少进行一次，必要时接受临时检查。

③ 对患有痢疾、伤寒、病毒性肝炎、活动性肺结核从业人员的管理，按国家《传染病防治法》有关规定执行。凡患有手癣、指甲癣、手部湿疹、发生于手部的银屑病或者鳞屑、渗出性皮肤病者，不得直接从事化妆品生产活动。《化妆品监督管理条例》第三十三条规定"化妆品注册人、备案人、受托生产企业应当建立并执行从业人员健康管理制度。患有国务院卫生主管部门规定的有碍化妆品质量安全疾病的人员不得直接从事化妆品生产活动"。

④ 保持个人清洁卫生，做到"四勤"：勤剪指甲（≤2mm，两指相向平行互

抠，抠不到为合格），勤理发、剃须，勤换衣，勤洗澡。

⑤ 不得戴首饰、手表以及染指甲、留长指甲，不得化浓妆、喷洒香水。

⑥ 禁止在生产场所吸烟、进食及进行其他有碍化妆品卫生的活动。操作人员手部有外伤时不得接触化妆品和原料。不得穿戴制作间、灌装间、半成品储存间、清洁容器储存间的工作衣裤、帽和鞋进入非生产场所，不得将个人生活用品带入生产车间。

特别注意：上述要求对外来人员具有同等约束力。

作为外部人员，如外部参观者、政府监管检查者、设备设施的厂方安装调试或维保人员，务必有明确的卫生保障跟进实施方案和行程作业规范。

2. 洁净室（区）工作人员要求

① 人员数量尽量少而精，避免过多的人员活动带来污染。

② 生产人员进入车间前必须洗净、消毒双手，穿戴整洁的工作衣裤、帽、鞋，头发不得露于帽外。

生产人员遇到下列情况应洗手：

a. 进入车间生产前；

b. 操作时间过长，操作一些容易污染的产品时；

c. 接触与产品生产无关的物品后；

d. 上卫生间后；

e. 感觉手脏时。

正确的洗手程序和方法：

a. 卷起袖管；

b. 用流动水湿润双手，擦肥皂（最好用液体皂、洗手液），双手反复搓洗，清洁每一个手指和手指之间，最好用刷子刷指尖；

c. 用流动水把泡沫冲净，并仔细检查手背、手指和手掌，对可能遗留的污渍重新进行清洗；

d. 必要时，按规定使用皮肤消毒液喷淋或浸泡，完成手消毒；

e. 将手彻底干燥。

进入洁净区后需保持手部的洁净，不做与工作无关的工作，不得裸手随意直接接触化妆品及与工作无关的物品，不得有不卫生的动作或习惯。

③ 工作期间，不同洁净区的人员不随意串岗。进出车间应随手关门，尽可能减少出入次数。

④ 需要离开生产车间，须脱掉工作服、鞋、帽等，事后再重新进入工作现场前应做再次清洁消毒。

⑤ 按洁净室（区）的要求规范着装。工作服的材质、式样及穿着方式应当与所从事的工作和空气洁净度级别要求相适应，洁净区工作服应完全遮盖员工衣服、

裤子（不允许挽起衣袖、裤管）。工作服应定期清洁、消毒、更换。

a.洁净室（区）工作服：一般生产区工作服可选用棉布或其他材料，洁净室（区）工作服和无菌工作服要选择质地光滑、不产生静电、不脱落纤维和颗粒性物质、不易透过尘埃的材料制作，既能减少吸附尘埃，又能降低服装本身及人体对洁净区带来污染。常用材料有涤纶、尼龙等。制定工作服的清洗及消毒灭菌规程，清洗和消毒灭菌方法应能够保证其不携带污染物，不会污染洁净区。不同洁净度级别的工作服不能混洗、混放，更不能混穿。

b.各洁净区的着装要求见表4-2。

表4-2　各洁净区的着装要求

洁净室（区）	着装要求
30万级	① 将头发、胡须等相关部位遮盖 ② 穿合适的工作服和鞋子或鞋套 ③ 不带进外来污染物
10万级	① 将头发、胡须等相关部位遮盖,应戴口罩 ② 穿手腕处可收紧的连体服或衣裤分开的工作服,工作服应不脱落纤维或微粒 ③ 穿适当的鞋子或鞋套
100或1万级	① 用头罩将所有头发以及胡须等相关部位全部遮盖,头罩应当塞进衣领内,应戴口罩,必要时戴防护目镜 ② 戴经灭菌且不散发颗粒物的橡胶或塑料手套,穿经灭菌或消毒的脚套,裤腿应当塞进脚套内,袖口应当塞进手套内 ③ 工作服应为灭菌的连体服,不脱落纤维或微粒,并能滞留身体散发的微粒 ④ 操作期间应当经常消毒手套,并在必要时更换口罩和手套 ⑤ 每位员工每次进入100或10000级洁净区,应当更换无菌工作服,或每班至少更换一次,但需要验证其可行性

（二）人员进出洁净区的净化程序

人员应经人员净化房进出洁净室（区），人员净化房和设施包括一更（换鞋、脱外衣）、二更（洗手，穿洁净工作服或无菌服、无菌鞋，戴口罩，消毒手）和气闸室或空气吹淋室。制定进入洁净室（区）人员的规范净化程序（图4-4）。洁净室（区）的净化程序和净化设施要达到人员净化的目的。

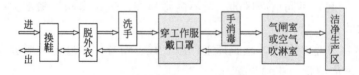

图4-4　人员进出洁净生产区的程序图例

（三）手部消毒和工作服消毒

做好生产人员双手消毒和工作服的清洁和消毒。常用于手部皮肤消毒的消毒液有 70％～75％乙醇、0.1％新洁尔灭、2％来苏尔、0.1％洗必泰等。工作服应清洗干净，无菌衣物用专门灭菌袋装好后用高压蒸汽或环氧乙烷灭菌，一般工作服可用臭氧消毒柜消毒或用化学消毒剂浸泡消毒，如 0.1％新洁尔灭、0.5％ 84 消毒液等均可用于工作服、鞋帽等消毒。

四、原料的微生物控制

化妆品的原料种类很多，按照我国化妆品原料的准入制管理，目前在国家药监局公布的在用目录中有接近 9000 种[1]。根据原料性能和用途，大体上可分为基质原料和辅助原料（添加剂）两大类。基质原料是化妆品的主体，在化妆品配方中占有较大比例，是化妆品中起到主要功能作用的物质，主要包括油脂、表面活性剂、保湿剂、黏结剂、粉料、染料、防腐剂、抗氧剂、紫外线吸收剂等。辅助原料则是对化妆品的成形、稳定或赋予色、香以及其他特性起作用，这些物质在化妆品配方中用量不大，但大多为天然的含有营养成分或生物活性的物质，这些成分又是微生物生长繁殖的良好营养源，可称为微生物良好的培养基。主要包括水解明胶、透明质酸、超氧化歧化酶（SOD）、蜂王浆、丝素、水貂油、珍珠、芦荟、麦饭石、有机锗、花粉、褐藻酸、沙棘、中草药等。

原料种类繁多，来源广泛，成分不一，所含的微生物种类、数量差异大。这些微生物容易从化妆品生产源头上带来污染，原料卫生状态直接影响产品质量，需采取适宜的处理方法，使其微生物限度符合所用化妆品的要求。根据原料的风险等级，结合原料的使用目的、包装方式，建立微生物控制限值，建立不同的微生物控制检验方案。

企业购买原材料时应检查外包装是否完好，袋子不应破损和潮湿，桶不应生锈或有太多的凹痕。企业应对原辅料入厂进行抽检，应有相应的清洁、消毒、灭菌处理，经微生物检验合格后方可用于生产。植物类原料的处理主要采用烘干、微波消毒、蒸汽灭菌等方法。化学合成型原料可以采用干热、湿热、微波等方法。低黏度液体原料用细菌微孔过滤器过滤或水蒸气加热等方法。已检验合格的原料在贮存时应遵循以下要求：所有原料离地存放；原料仓库经常清洁和消毒；仓库尽可能保持恒定的温度与湿度；液体原料的贮罐要有盖；各批原料按日期顺序使

---

[1] 　国家食品药品监督管理总局 2014 年发布了《已使用化妆品原料名称目录》，2015 年对其进行了调整更新，该目录共收录 8783 种原料。2018 年，国家药品监督管理局已组织完成了《国际化妆品原料字典和手册（第十六版）》的翻译，并对外公开征求意见，该目录共收录 22620 种化妆品原料。

用，减少贮存时间。

五、工艺用水的微生物控制

水是化妆品生产中用途最广、用量最大的原料，无论生产工具、环境、设施、人员的清洁，还是化妆品的生产制备都需要用水。在生产时部分不容易染菌的原料因溶解于水中也增加染菌机会，所以水的质量直接影响化妆品的质量。工艺用水是指在化妆品生产过程中，根据不同的工序及化妆品质量要求，所用的各类水的总称，包括饮用水和纯化水。水的处理一般采用过滤吸附法、电渗析法、离子交换法等，现阶段采用最广泛的是二级反渗透＋EDI❶的成套水处理设备来制备用作配料的工艺用水（见图4-5）。化妆品生产应确定整个生产和辅助过程中采用工艺用水的种类、用量，配置工艺用水的处理设备和输送系统，定期对工艺用水设施进行消毒检测。

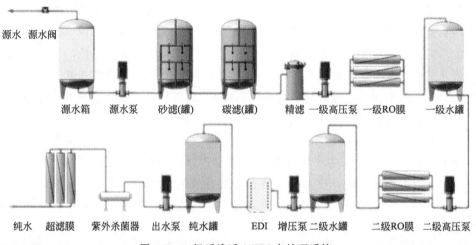

源水 源水阀 源水箱 源水泵 砂滤(罐) 碳滤(罐) 精滤 一级高压泵 一级RO膜 一级水罐

纯水 超滤膜 紫外杀菌器 出水泵 纯水罐 EDI 增压泵 二级水罐 二级RO膜 二级高压泵

图 4-5 二级反渗透＋EDI 水处理系统

（一）工艺用水的种类

化妆品工艺用水主要有生活饮用水和纯化水两类。它们的卫生标准、制备方法、储存条件、适用范围等存在差异（表4-3）。生产过程应严格按照化妆品的质

---

❶ EDI（electrode ionization），是一种将离子交换技术、离子交换膜技术和离子电迁移技术相结合的纯水制造技术。它巧妙地将电渗析和离子交换技术相结合，利用两端电极高压使水中带电离子移动，并配合离子交换树脂及选择性树脂膜以加速离子移动去除，从而达到水纯化的目的。在 EDI 除盐过程中，离子在电场作用下通过离子交换膜被清除。同时，水分子在电场作用下产生氢离子和氢氧根离子，这些离子对离子交换树脂进行连续再生，以使离子交换树脂保持最佳状态。

量要求选用水的类别，不同洁净室（区）中的设备、场地、操作台、物料、工具、工作服等清洁用水应与生产产品的清洁用水处于同一水平。化妆品生产用水的水质至少应达到生活饮用水卫生标准（GB 5749）。

表 4-3　饮用水和纯化水的比较

项目	饮用水	纯化水（PW）
参考标准	《生活饮用水微生物标准检验方法微生物指标》	《中华人民共和国药典》
微生物标准	① 细菌总数≤100CFU/mL ② 每 100mL 水中不得检出总大肠菌群、大肠埃希菌、耐热大肠菌群	需氧菌总数≤100CFU/mL
制备方法	自然水源经消毒、过滤、离子交换等方法处理	饮用水经蒸馏、过滤、离子交换、反渗透或其他适当的方法处理
使用储存	常规	制备后 24h 内使用,若超时应循环贮存
适用范围	① 制备纯化水的原水 ② 植物原材洗涤、浸润 ③ 普通用具的粗洗 ④ 化学原料提取溶剂	① 化妆品配制容器及包装容器的末道清洗用水 ② 液体化妆品的配制溶液 ③ 检验用水

（二）工艺用水的卫生控制

工艺用水卫生控制不当，水中微生物容易污染化妆品。工艺用水的卫生与水源、水处理方法、制水设备、水输送系统有关，可从以下几个方面进行控制。

1. 制水设备及输送系统要定期清洗消毒

制水设备、储水罐、输送管道、阀门要用不锈钢或其他无毒、耐腐蚀、不脱粒的材料，安装合理，避免出现消毒死角，应定期清洗、消毒并进行记录，常用的消毒方法：

（1）巴氏消毒法　纯化水系统的管道、过滤装置，可采用 1％氢氧化钠溶液70℃的热水循环 30min 或 60～80℃保持 30～60min 消毒。

（2）臭氧　在制水系统中安装臭氧发生器，利用臭氧对纯化水系统管道及水体消毒，是连续去除微生物的最好方法，但需在使用前安装紫外灯，以加速消除残留的臭氧。

（3）化学消毒剂　100～200mL/L 的次氯酸钠 30～60min 适用于制水设备中非膜系统消毒；0.5％甲醛溶液、75％乙醇可用于离子交换树脂消毒；3％双氧水30min、0.5％甲醛溶液 30min、1％过氧乙酸 30min 适用于制水设备的膜系统的消毒。

2. 水体消毒

（1）热力灭菌法　蒸馏法可除菌、除热原；70～80℃保温或循环保温可以减少微生物繁殖。

（2）过滤除菌法　纯化水制备过程包括粗滤、精滤、反渗透、微孔滤膜除菌等水处理措施。

（3）紫外线消毒法　在靠近用水点附近的水管内安装波长 253.7nm 紫外灯，注意水层厚度不超过 2cm。

（4）化学消毒法　饮用水制备时用氯水、漂白粉、氯胺、二氧化氯、臭氧等消毒原水，水储运系统中安装臭氧发生器等。

六、包装材料的微生物控制

《化妆品安全技术规范》（2015 年版）中定义包装材料为：直接接触化妆品原料或化妆品的包装容器材料。包括内包装材料和外包装材料。

（一）内包装材料的要求

化妆品内包装材料亦称化包材，直接作为化妆品料体的容器（如玻璃瓶、塑料瓶、软管、铝塑复合膜袋等）或者是直接接触料体的部件（如瓶口垫片、内塞、吸管/滴头、无纺布等）。保证化包材完整性是其基本要求，其次是卫生状况。

① 尽量使用带菌量少的符合规定的无毒材料，如 PVC 软管、铝箔、玻璃、陶瓷、塑料、金属等，易清洁，不易污染微生物。

② 材料应当安全，不得与化妆品原料发生化学反应，即化妆品的料体与包材的相容性，包括化学相容性、物理相容性、生物相容性。

a.化学不相容，是指包材中的化学组分与料体中的某些成分发生了化学反应，表现为包材或料体外观、气味上发生变化等。

b.生物不相容，是指化妆品塑料包装中的某些物质迁移到化妆品中，以有害物质的溶出量来作为判断依据。在《化妆品安全技术规范》中有严格的规定。

c.物理不相容，是指化妆品包装与料体由于相互影响而发生的物理变化，如开裂、溶解、吸附、渗透等。

③ 材料的微生物限度应符合所包装化妆品的要求，细菌菌落总数 $\leqslant$ 10CFU/个。

④ 消毒灭菌：

a.材质要与消毒灭菌处理方法相适应，确保既达到消毒灭菌目的，又不损坏包装，保持包装的完整性。

b.玻璃瓶、陶瓷瓶、胶塞等可用超声波清洗消毒。内包装材料常用灭菌方法有臭氧灭菌、辐射灭菌、高压蒸汽灭菌、隧道干热灭菌等方法灭菌。

（二）外包装材料要求

外包装材料是指内包装容器外、对储运化妆品起保护作用的包装部分，如包装纸、包装盒、包装袋、包装箱等，要在适宜的环境下储运，避免破损、长霉，影响化妆品质量。

七、化妆品的消毒灭菌

为了控制微生物的污染，许多化妆品生产的工艺流程设计中包含消毒灭菌环节。如制造乳剂时，通常采用将水加热到 90℃维持 20min，先进行加热灭菌，冷却后再与油进行乳化，同时，在配方设计时也加入数样防腐剂防止微生物的二次污染。一个有效、稳定的化学防腐剂体系的存在是保证产品保存期质量的重要因素，但必须明确它不能代替良好、严格的生产操作工艺。原材料质量、包装设计、货架期以及消费者的使用等因素都对化妆品微生物学的完整性起着重要作用。正确控制和完善这些因素是维持产品微生物学质量的良好策略。

第三节　化妆品生产过程的微生物监测

化妆品生产过程应严格按照《化妆品安全技术规范》和《化妆品生产质量管理规范》❶ 的要求加强管理，采取有效的措施防止微生物污染，同时应做好各个环节的卫生监测。

一、化妆品生产过程微生物监测对象

化妆品生产过程微生物监测对象与控制对象基本一致，根据表 4-1 的 4 要素 5 对象，按照是否与化妆品产品料体直接接触归类（表 4-4）。在实践中需要对表中所列"重点"对象予以关注。

表 4-4　生产过程微生物监测对象归类表

对象类别	直接组成	直接接触	间接接触	其他
对象	各种化妆品原料(含纯水)，内包材的内壁	盛料工具、器具、乳化/搅拌锅的内壁、抽料/出料的管道、伸入料体里的各种器具、制水设备的闭环系统、压缩空气	设备外表、工作台面、清洁器具、内包材的外壁	洁净区的空气、作业人员的手部及其着装

---

❶ 《化妆品生产质量管理规范》目前尚处公开征求意见阶段。下同。

对象类别	直接组成	直接接触	间接接触	其他
范例	水、油质原料(植物油脂、动物油脂、蜡类、烃类等)、合成原料(羊毛酯衍生物、聚硅氧烷、脂肪酸、脂肪醇、脂肪酸酯)、粉质原料(无机粉质原料、有机粉质原料)、胶质原料(水溶性的高分子化合物:黏胶剂、增稠剂、成膜剂、乳化剂)、植物原料(植物提取物)、辅助原料(抗氧化剂、着色剂、香精、螯合剂)、表面活性剂(非离子型表面活性剂和离子型表面活性剂;后者分为三类,阴离子表面活性剂、阳离子表面活性剂和两性离子表面活性剂)	在称原料时使用的各种容器(桶、袋、杯等),各种取料/取样的瓢、勺、吸管、铲、棒等,抽料泵、出料过滤泵、过滤网/芯、各种输料管道(含接头),搅拌锅(含油相锅、水相锅)、乳化锅、离线搅拌器/均质器、三辊机/胶体磨、粉碎机、粉搅拌机、粉筛,一级反渗透之后的制水系统各部件(反渗透滤芯、各管道、一级和二级纯水储罐、EDI、纯水输水/回水管道、阀门、取水口等)	在洁净区和进出洁净区的各种设备、工具、器具,各工作台面、筐桶、推车,清洁用具(毛刷、毛巾、洗涤剂等),维修/保养工器具	空气(沉降菌、浮游菌),作业人员(含进入洁净车间的其他管理、维修、参观、督查等人员)的工衣(裤)、工帽、手部等
重点	天然动物/植物成分及其提取物、增稠剂、成膜剂、粉体、色素、工艺用水、维生素等	上述设备、工具的清洁死角/难点部位,完成生产工艺后继续接触料体的容器具和工具	筐桶、毛巾等	空气、作业人员的手部
补充	按《化妆品安全技术规范》和《化妆品生产质量管理规范》			

二、化妆品生产过程微生物监测频率

确定科学合理、可行性高的监测频率,明确各对象的取样量和取样注意事项,是保证检测准确性、达成监测目的的关键。

目前化妆品的生产过程微生物监测,暂无明晰的周期规定。在《化妆品生产许可检查要点》中提到"证明生产环境条件符合需求的检测报告,检测报告应当是由经过国家相关部门认可的检验机构出具的1年内的报告"并进一步明确。

① 生产用水卫生质量检测报告,水质至少达到生活饮用水卫生标准的要求(pH值除外)。

② 车间空气细菌总数检测报告,空气和物表消毒应采取安全、有效的方法,如采用紫外线消毒的,使用中紫外线灯的辐照强度不小于 $70\mu W/cm^2$,并按照 $30W/10m^2$ 设置。

③ 生产车间和检验场所工作面混合照度的检测报告,工作面混合照度不得小于220Lx,检验场所工作面混合照度不得小于450Lx。

④ 生产眼部用护肤类、婴儿和儿童用护肤类化妆品的,其生产车间的灌装间、清洁容器储存间空气洁净度应达到30万级要求,并提供空气净化系统竣工验

收文件，参考 GB 50457《医药工业洁净厂房设计规范》30 万级标准。

由此，我们可以理解为在现行监管法规框架下，洁净区空气、生产工艺用水等需委托有资质的第三方检测机构每年做一次规定项目的检测。

无论是最新的《化妆品监督管理条例》及其配套的《化妆品生产质量管理规范》、《化妆品安全技术规范》、《化妆品生产许可检查要点》，以及《化妆品良好操作规范》[ISO 22716，GMPC（US、EU、ASEAN）]，对洁净区空气、工艺用水、物体表面等的监测频率，只做了概括性、原则性的要求，并未明确具体的周期频率。

以下，给出一些可资借鉴的参考（表 4-5），源自《医药工业洁净厂房设计标准》（GB 50457）、《洁净厂房设计规范》（GB 50073）、《中华人民共和国药典》2020 版第四部 9205 和《无菌医疗器具生产管理规范》（YY 0033）。

表 4-5　药企生产洁净室（区）空气监测项目和频次[①]

监测项目	A 级	B 级	C 级	D 级	GB50073	《中华人民共和国药典》2020 版 9205	YY0033
温度、湿度	2 次/班	2 次/班	2 次/班	1 次/班	1 次/年	1 次/半年	1 次/班
风量	—	1 次/月	1 次/月	1 次/年	1 次/年	1 次/年	1 次/月
单向流速	1 次/周	—	—	—	—	1 次/年	—
单向流型	1 次/周-关键点	—	—	—	—	—	—
压差值	1 次/周	1 次/周	1 次/周	1 次/周	1 次/年	1 次/半年	1 次/周
悬浮粒子	关键点（动态）1 次/月（静态）	关键点（动态）1 次/月（静态）	1 次/月	1 次/月	1～2 次/年	—	1 次/季
恢复时间	—	1 次/月	1 次/季	1 次/半年	—	1 次/年	—
沉降菌	1 次/班	1 次/班	1 次/月	1 次/月	1～2 次/年	—	1 次/周
浮游菌	1 次/周	1 次/季	1 次/半年	1 次/半年	1～2 次/年	—	1 次/季
表面微生物	每班	每班	—	—	—	—	—
HEPA 过滤完整性	1 次/半年	1 次/半年	1 次/半年	1 次/年	—	1 次/年	—
备注	动态——百级	静态——百级 动态——万级	万级	10 万级	1～5 和 6～9 级	A/B 级	—

①除标注外，表中数据均源自《医药工业洁净厂房设计标准》（GB 50457）。

综合上述信息，结合笔者多年工作实践，给出兼顾品质受控和经济可行原则的监测建议，见表 4-6。

表 4-6　生产过程微生物监测取样频率建议

类别	场所及对象	监测频率	备注
原料	按表 4-4 指引	每批次	全检，指标须根据原料特性确定，特别是特定的指标菌

类别	场所及对象	监测频率	备注
半品	除乙醇含量超过60%、纯油产品，均全检	每批次	按《化妆品安全技术规范》和《化妆品检验规则》(GB/T 37625)的规定执行
成品	除乙醇含量超过60%、纯油产品，均全检	每批次	
工艺用水	按设定取样点，覆盖出水/用水的最远和最近端	1次/周	①兼顾最近和最远点按一定比例轮流，每个月内每个点至少取到一次。②取样点至少含贮罐、总送水口、总回水口、各使用点。③超过10天不开启设备，就要做所有取样点的理化检验和微生物限度
包材	灌装间或清洁容器储存间，仅抽取内包材	1次/周	①测内表面，取已消毒包材样；②每次取当月生产用内包款数的5%~10%，每款应包括该品所对应的配套内包材，例如盖子/内塞＋瓶子＋(垫片)
空气	微检室无菌操作间	1次/周	操作间依规布点，全检
	灌装间、清洁容器储存间、洁材储存间、半品静置间	1次/月	覆盖所有区域，动态，暴露5min；每周采样，对监测对象区域轮流进行，保证周期内每个区域均至少监测一次
	称料区、配料区、更衣室、原料间、缓冲间、洁净走廊	1~2次/季	
储料容器	各种半成品料储存容器(含附设管道)	1次/周	消毒有效期内，内壁采样比例≥在用容器的20%，对象轮流
	纯水储罐	1次/月	罐内壁，进/出水口的管道内壁，可每周取样、轮流对象
手部五指	微检室-微检作业员手表面		作业过程，洁净区域员工总数的10%~20%。取样应有足够的随机性——每个员工每次都有相同的概率被抽到
	直接与料体接触以及与接触料体的包材(如面膜布、内塞、泵头、垫片等)接触的员工手表面	1次/周	
	洁净作业区其他人员的手表面		
生产设备	灌装机(机斗、机嘴)、抽料泵、出料管口、纯水管口、滤布/网	1次/周	消毒有效期内，内壁：每个车间的每类在用设备每月轮流一次
		按需	使用中，内壁：根据异常分析或验证所需
毛巾	与料体接触的工具(勺子、刮料板等)，消毒毛巾(擦机斗、灌装嘴、管口、面膜袋口、内塞、吸管、垫片等)	1次/周	使用中，每月每个车间的每一类均应被抽到
工具	洁净作业区其他毛巾、接触料体或容器内壁的工具	1次/周	每月每个车间的每一类均应被抽到
台面	灌装间作业台	1次/月	表面：不少于每个车间室内台面数的20%

三、化妆品生产过程微生物监测通则

（一）监测采样准备、现场采样

监测采样前应先制定采样计划。采样计划可以详列清单，企业通常都有明文规定：常规监测、专项监测、有因监测等类型下对各类对象明确的周期频率、样本数、采样量（或比例），采样器具类别、规格、数量，乃至标签等的要求，和采样标准操作规程 SOP。

1. 采样器具准备及其要求

应根据监测对象的理化性状选择合适的采样容器和器具。

① 容器的材质应有强化学稳定性，不与待测对象物中的组分发生反应，器壁不应吸收、吸附待测物的组分。通常采用玻璃制品器皿、PET 瓶等。

② 大小、形状和质量合适，具有良好的密封性，同时应易于打开。重复利用的则应易于清洗，适于常用的灭菌消毒方法。

③ 严格按经过验证的灭菌方法对采样器具进行消毒灭菌：

a. 玻璃器皿、不锈钢制品，彻底清洁后采用干热灭菌方式进行灭菌，保证恒温灭菌的时间。

b. PET 瓶，适合采取臭氧、紫外线照射等方法消毒。有条件的采用辐照灭菌更高效更有保障——采购回的 PET 瓶把盖子套上拧紧、装 PET 袋扎口、装箱，进行辐照。

c. 取样箱、取样袋、剪刀等，用 75％酒精擦拭、喷淋，（箱子打开）在超净台（或传递窗）用紫外灯照射消毒。

2. 现场取样的通用规则

① 取样人员保证手部的清洗、消毒。取样前及做样前都要先洗手再消毒。

② 取样须经现场组长以上管理人员、被抽员工、化验室抽样人签名确认方有效。车间未生产时可不作抽样检测。

③ 如果在取样时手有接触棉签头，必须废弃该棉签并重新取样。

④ 取样应具有代表性（随机样、目的样、综合样），标识清楚。

a. 记录取样人、取样点（取样位置）和取样日期，确保结果与被测对象之间的准确对应。

b. 如果是取洁净区空气样时，注意记录取样当时场所的温湿度、人员数量和活动情况。

c. 取在制品/部品、设备或工器具时，应记录在制产品（编码、批号）。

d. 存在中间停用情况时，设备、空间取样，应记录首次，或间隔多久启用等信息。

⑤ 取样完毕，不应在仓库或车间逗留。所有样品应密封送至微生物检验室，并及时将样品放入超净台（或传递窗）对其外表面进行紫外灯照射消毒。

3. 原料、半品、成品的取样

原料、半品在采集时与成品一致，见第五章第一节的"化妆品样品的采集及注意事项"。

（二）培养基的灭菌和使用

① 每次配制培养基时应注意生产日期，确认其在保质期内。应查看其开瓶日期，检查瓶口密封良好以保证其未变质、未吸潮。

② 一定要保证现配制现灭菌。未灭菌的配好培养基不能长时间放置，更不得隔夜存放。

③ 灭菌时应保证恒温、恒压，并确保有效的灭菌时间。

④ 灭菌过的培养基应保存在冰箱，存期不宜超过 3 天。应遵循"先入先出"原则——先配制的应先使用。使用成品培养基使用时，做到已开封当次（日）未用完的培养基次日要用完。

⑤ 每瓶培养基均要做空白。培养基剩余过少时，可先将其倾倒成空白用板。

⑥ 尽量集中做样，避免频繁打开同一瓶培养基瓶塞，增大培养基被污染风险而造成误差。

（三）做样环境维持和做样通则

按照前面提到的保持室内不低于 30 万级的洁净度（大环境），再配以超净工作台（小环境），作为微生物检测的做样操作环境——这个思路，我们必须对大、小两个环境做好以下维持。

1. 大环境——实验室做样房间的维持

在做样时，门窗、空调均应关闭，避免房间内空气流通影响超净台内部环境。定期开启紫外灯，对房间进行杀菌。

2. 小环境——超净工作台的维持

定期清洁初效过滤器，根据设备技术参数/使用说明并结合评估验证适时更换过滤器。

定期检查使用紫外线照度计检测紫外灯的辐照强度，在其辐照强度不达标❶或

---

❶ 用于消毒的紫外线灯在电压为 220V、环境相对湿度为 60%、温度为 20℃时，辐射的 253.7nm 紫外线强度应≥70μW/cm²。普通 30W 直管紫外线灯在距灯管 1m 处、特殊紫外线灯在使用距离处测定。紫外线照度计应经检定合格。

达到其厂家规定的使用寿命时，应适时提前更换。

做样前，将超净台内部进行清洁，用 75％酒精进行擦拭消毒，并提前 30min 将超净台内的紫外灯打开，对超净台内部环境进行杀菌。

做样后，要对超净台内部进行清理、清洁，并用 75％酒精进行擦拭消毒。

3. 做样及其他基本要求

（1）牢记取样、做样环境、所用器具器皿、操作步骤的无菌要求。取样操作前所需数量比例计算、路径规划都应在操作前完成，做好每一样器具及其数量、灭菌状态、灭菌有效期（必要时）的点检确认，严格规范操作，方可确保检测结果的准确性。

（2）做样完毕，及时放入相应培养箱进行培养，并清理超净台。

（3）微生物在培养过程中，要随时监控培养箱温度，保证其在适宜的温度进行培养。按照《化妆品安全技术规范》的要求及时观察结果，出现异常，要及时分析原因进行反馈。

四、原料的微生物监测

《化妆品生产企业微生物控制规范》按照原料的营养情况及性质，分为五个风险等级，分别采取不同的微生物检测控制策略。

五个风险等级如下：

（1）无风险 具有极端 pH 或本身对微生物细胞有损伤的物质，如酸、碱、醇、醛及其他杀菌剂等。这类物质不需要进行微生物风险检测。

（2）轻微风险 水活度极低、寡养或中等抗菌物质，不利于微生物生长的物质，如脂类、矿物油等，这类物质仅需要进行一次来样检测即可。

（3）低风险 本身水活度比较低，但被水稀释后，即可支持微生物生长的物质，或有微生物污染的历史，但无致病菌污染历史，此类原料需进行定期的微生物检测。

（4）中风险 营养较丰富，具有微生物污染的风险，但可以通过添加防腐剂等手段进行较长一段时间的微生物含量控制的物质，如天然成分原料、表面活性剂等，此类物质需要定期进行微生物检测。

（5）高风险 具有极高的微生物污染风险，一般是含水量高（＞0.95）的物质，特别是大包装，不能一次性使用完毕的原料，需要微生物日常管理系统来控制，一般需要日常监测，如生产用水。

（一）指标菌及特定菌的选择

化妆品用一般原料的微生物指标菌，和化妆品成品相同：菌落总数、霉菌和酵母菌、耐热大肠菌群、铜绿假单胞菌、金黄色葡萄球菌。

因来源特性，源于土壤、矿石、动物内脏的化妆品原料，在必要时应监测其特定菌：

1. 粉类原料

大多数是由土壤矿物质加工而成，而土壤受微生物污染严重。据资料报道，土壤中的致病菌有需氧的炭疽杆菌和厌氧的破伤风杆菌、产气荚膜杆菌等，其检出率很高，产气荚膜杆菌几乎达100%，恶性水肿杆菌64%，破伤风杆菌29%，肉毒杆菌6%。这些致病菌能在土壤中生存较长时间，例如炭疽杆菌的芽孢能生存15年之久，结核杆菌能生存1年左右，破伤风杆菌芽孢和产气荚膜杆菌也能长期在土壤中生存。

滑石粉、高岭土、碳酸钙等粉类原料，可增加需氧芽孢杆菌、产气荚膜杆菌和破伤风杆菌指标。

2. 某些生物性原料

动物内脏及其提取物（如胎盘提取物、骨胶原等）等，可增加沙门菌指标。

（二）取样和样品的预处理

根据原料形状的不同，采用适当的取样方式是保证监测检验结果的客观准确性前提之一。

1. 小包装及高值易污染原料

尽可能取原包装，直到检验前不要开封，以防污染。

2. 液体样品

① 采样前摇动或用灭菌棒搅拌液体，尽量使容器内液体均匀。

② 以无菌操作开启包装，用100mL无菌注射器抽取，注入无菌容器。

③ 如为非冷藏易污染的原料，应快速采样并保持样品温度与标识储存温度一致。

3. 半固体样品

以无菌操作拆开包装，用无菌勺子从几个部位挖采样品，放入无菌容器。

4. 固体样品

① 每份样品应用灭菌采样器从多个不同部位采取，一起放入一个灭菌容器内。

② 大块整体原料应用无菌刀具和镊子从不同部位割取，割取时应兼顾表面与深部，注意样品的代表性；小块大包装原料应从不同部位的小块上切采样品，放

入无菌容器。

③ 取表层样品以检判原料的污染情况，从深部采样方可确认原料品质。

在实践中，按照原料的形状差异选用与对应性质的化妆品所采用的样品预处理方法一致，如液体水剂类原料可按水剂化妆品处理、粉类原料按粉单元的化妆品样品处理等。

（三）检验方法

原料微生物的检验方法均与化妆品成品检验方法相同，执行《化妆品安全技术规范》所规定的微生物检验方法。最根本的不同点是原料未加防腐剂，检验所用的稀释液和培养基中不需要添加中和剂（卵磷脂和吐温-80）。如检验菌落总数用普通营养琼脂培养基，霉菌和酵母菌用孟加拉红琼脂培养基，铜绿假单胞菌增菌培养液可用普通肉汤，金黄色葡萄球菌增菌培养液用含 7.5％氯化钠肉汤，稀释液均用生理盐水。

五、工艺用水的微生物监测

对工艺用水的微生物检测指标与化妆品原料一致，有菌落总数、霉菌和酵母菌、耐热大肠菌群、金黄色葡萄球菌、铜绿假单胞菌。

（一）饮用水微生物检测

按《化妆品生产许可检查要点》要求"生产用水卫生质量检测报告，水质至少达到生活饮用水卫生标准的要求（pH 值除外）"。

饮用水的微生物检查用于评价饮用水的卫生状况，按照 GB/T 5750.12《生活饮用水标准检验方法　微生物指标》规定，要求进行菌落总数检查、总大肠菌群检查、耐热大肠菌群检查及大肠埃希菌检查，后三者可用多管发酵法、滤膜法和酶底物法检查。

菌落总数检查：以无菌操作方式用灭菌吸管取 1mL 充分混匀的水样，注入灭菌平皿中，倾注已熔化并冷却至 45℃左右的营养琼脂培养基，并立即旋转平皿使水样与平皿内的培养基充分混匀；待冷却凝固后，翻转平皿使其底面向上，放置 36℃恒温培养箱中培养 48h，进行菌落计数。饮用水的平均菌落数不超过 100CFU/mL，判为菌落数符合规定，否则判不符合规定。

每次检验时应做两个平行，同时用另一个平皿倾注营养琼脂培养基作为空白对照。

（二）纯化水微生物限度检查

在生产车间中，企业通常参照《中华人民共和国药典》（2020 版，第二部）要求，以无菌操作方式取至少 1mL 水样，经薄膜过滤法处理，取下滤膜，菌面朝上紧贴在 R2A 琼脂平板上，倒置于 30～35℃恒温培养箱中培养不少于 5 天。按《中华人民共和国药典》通则 1105 进行菌落计数，每毫升纯化水需氧菌总数应不超过 100CFU。

R2A 琼脂营养培养基，可直接使用商品化的预制培养基，或按以下配方（表4-7）制备。

表 4-7　R2A 琼脂营养培养基配方

成分	蛋白胨	琼脂	葡萄糖	磷酸二氢钾	无水硫酸镁	酵母浸出粉	酪蛋白水解物	可溶性淀粉	丙酮酸钠	纯化水
用量	0.5g	15.0g	0.5g	0.3g	0.024g	0.50g	0.5g	0.5g	0.3g	1000.0mL

除葡萄糖、琼脂外，取上述成分混合，微温溶解，调节 pH 值，在 25℃时的 pH 值在 7.2±0.2，加入琼脂，加热熔化后再加入葡萄糖，摇匀、分装、灭菌。

六、包材（内包）的微生物检测

（一）监测时机

根据化妆品生产流程（图 4-6），内包是成品染菌与否的关键因素，所以必须把内包作为监测对象。

监测采样时机：消毒前后采样（具体应根据检测目的，常规的如供方来料微生物指标检判、消毒效果确认、验证性的洗消效果验证、消毒有效期验证等）。

（二）采样方法

① 用蘸有生理盐水的棉签向所测的垫片、喷头与料体接触部分，广口包装容器的内壁来回涂擦 10 次，然后将棉签头放入装有 10mL 无菌生理盐水的试管中振荡、送检。

② 细口已消毒包材容器：倒入 10mL 无菌生理盐水，加盖振荡不少于 2min 后再倒回取样瓶密封待检。

③ 无纺布用消毒后镊子夹取放入 45mL 无菌生理盐水中加盖振荡浸泡不少于 2min，密封待检。

（三）微生物检测

将已采集的样品在 1h 内进行做样检测，每支采样管充分混匀后取 1mL 样液，放入灭菌平皿内，倾注对应培养基 15mL，凝结后进行培养观察统计结果。

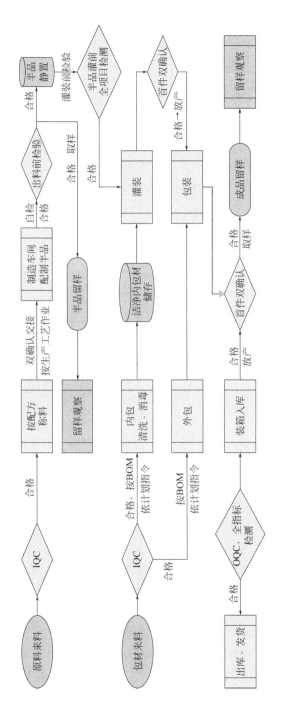

图 4-6 化妆品的典型生产流程

（四）结果计算

菌落总数/霉菌及酵母菌总数＝平皿上菌落的平均数×加入生理盐水的量÷每皿生理盐水量。

七、生产洁净区空气洁净度监测

不同级别及对应区域的洁净度要求见表 4-8，需监测悬浮粒子、浮游菌和沉降菌。

表 4-8　不同级别及对应区域的洁净度控制要求

空气洁净度级别	悬浮粒子最大允许数/（粒/m³）		微生物最大允许数（静态）		检验依据	对应区域	备注
	≥0.5μm	≥5μm	浮游菌	沉降菌			
1 万级	350000	2000	100CFU/m³	3CFU/皿（30min）	GB 50457《医药工业洁净厂房设计规范》	微生物检验室/超净工作台①	每年安排一次外检——具备法定资质的专业机构
10 万级	3500000	20000	500CFU/m³	10CFU/皿（30min）		—	
30 万级	10500000	61000	—	15CFU/皿（30min）		生产眼部用护肤类、婴儿和儿童用护肤类化妆品的灌装间、清洁容器存储间	
空气菌落总数				法定1000CFU/m³内控	GB 15979《一次性使用卫生用品卫生标准》	半成品储存间，二次更衣间，生产其余产品的灌装间、洁净容器储存间	

① 化妆品生产企业的经济可行的做法是按 10 万级标准装修，确保生产运行不低于 30 万级要求，在接种操作时使用超净工作台。

（一）悬浮粒子

按 GB/T 16292《医药工业洁净室（区）悬浮粒子的测试方法》中的方法测定，采用光散射（离散）尘埃粒子计数器（图 4-7），测量各级洁净室单位体积空气内不同粒径的尘埃粒子大小，以此评价环境的洁净度级别。根据具体生产情况制定检测周期，至少每年需验证一次。

图 4-7　尘埃粒子计数器

基本程序：

① 确定采样点数目。

② 确定采样位置及采样量。

③ 选择采样时间。

④ 按操作规程采样。

⑤ 结果计算。

⑥ 结果评价：将各个取样点的粒子浓度分别与相应等级的标准比较，若均未超过浓度限值，判洁净室（区）悬浮粒子数符合规定；若超过标准浓度限值，应调查原因，并采取矫正措施。

（二）浮游菌

按 GB/T 16293《医药工业洁净室（区）浮游菌测试方法》测定浮游菌，基本原理是将空气中的微生物粒子收集在含专门培养基的平皿内，在适宜的生长条件下繁殖到可见的菌落，进行菌落计数，以菌落数判断环境中的活微生物数，以此评价洁净室（区）的洁净度。测定时用浮游菌采样器收集微生物粒子，根据颗粒撞击原理和等速采样理论设计，被采样的带有微生物的空气在抽气泵作用下，高速喷射并撞击黏附到装有胰酪大豆胨琼脂培养基的培养皿上，倒置于 30～35℃下培养不少于 2d，形成菌落予以计数（图 4-8）。

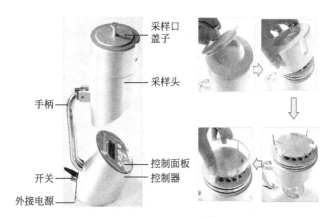

图 4-8 浮游菌采样器

基本程序与悬浮粒子测定相同。结果评价：与相应等级的评定标准比较，若每个采样点浮游菌平均菌落数均未超过标准限值，判洁净室（区）浮游菌符合规定；若超过标准限值，判不符合规定，应调查原因，并采取矫正措施。

（三）沉降菌

按 GB/T 16294《医药工业洁净室（区）沉降菌测试方法》测定沉降菌，基本原理是在一定时间内让空气中的微生物粒子以自然沉降的方式收集在含胰酪大豆胨琼脂培养基的平皿内，倒置于 30～35℃下培养不少于 2d，繁殖形成菌落予以计数。通过菌落数判断环境中的活微生物数，以此评价洁净室（区）的洁净度。

基本程序与悬浮粒子测定相同。结果评价：用菌落计数方法得出采样点各有效平板的菌落数，算出同一采样点沉降菌的平均菌落数，单位为 CFU/皿；与相应等级的评定标准比较，若每个采样点沉降菌平均菌落数均未超过标准限值，判洁净室（区）沉降菌符合规定，若超过标准限值，判不符合规定，应调查原因，并采取矫正措施。

（四）沉降菌采样与测试方法实操案例

1. 采样范围

称料间、配料间、灌装间、半成品静置间、包材储存间、清洁容器储存间。

2. 采样时间

在正常生产动态下取样。

3. 采样高度

与地面垂直高度 100～150cm。

4. 布点方法

① 采样点应避开空调、门窗等空气流通处。

② 室内面积＜30m²，在对角线上设里、中、外三点，里、外点位置距墙 1m。

③ 室内面积＞30m²，设东、南、西、北、中共 5 点，其中东、南、西、北距墙 1m。

5. 采样方法

采样时，将含营养琼脂培养基的平板（直径 9cm）置于采样点，打开平皿盖，使平板在空气中暴露 5min。

6. 菌落培养

① 在采样前将准备好的营养琼脂培养基置（36±1)℃培养 24h，取出检查有无污染，将污染培养基剔除。

② 将已采集的培养基在 6h 内送化验室，于培养箱中(36±1)℃培养(48±2)h观察结果，计数每皿菌落数，并计算。

③ 菌落计算：

$$y = A \times 50000 / (S \times t)$$

式中　y——空气中细菌菌落总数，CFU/m³；

　　　A——平板上平均细菌菌落数；

　　　S——平板面积，cm²；

　　　t——暴露时间，min。

需要时也按上述采样方法和测试方法检测霉菌及酵母菌。

八、表面微生物监测

表面微生物检查是监测生产区域直接或间接接触料体的生产设备、设备设施表面、工具器皿表面、人员表面的微生物数量方法，用于评价生产场所、人员的洁净程度。基本的监测方法有接触碟法、擦拭法、表面冲洗法。根据《化妆品生产许可检查要点》的要求，化妆品灌装间工作台表面细菌菌落总数应≤20CFU/m²，工人手表面细菌菌落总数应≤300CFU/只，并不得检出致病菌。采样方法、检验方法参照《一次性使用卫生用品卫生标准》。

表面微生物的监测对象具体包括：作业人员的手部、洁净工作服（必要时）以及储罐、输料管道、灌装机（机斗、机嘴）、抽料泵、出料管口、纯水管口、生产台面、工具（勺子、滤布、刮料板等）、消毒毛巾等。

（一）表面微生物取样方法简介

1. 擦拭法

擦拭法是用湿润无菌棉拭子擦拭取样点表面，用无菌水脱棉拭子上的微生物，接种、培养、计数。用于物体表面、内包装材料、手部表面微生物检查，特别是不规则物体表面。该方法适用性广，器材简单经济，但操作较繁琐，回收率较低，误差较大。

2. 表面冲洗法

表面冲洗法是直接用无菌水冲洗物体表面，收集冲洗液获取微生物，接种、培养、计数。用于监测大面积区域内表面的微生物含菌量或容器内表面的微生物，如设备轨道、储水罐、内包装瓶等。

3. 接触碟法

用 Φ55mm 含琼脂培养基（一般用胰酪大豆胨琼脂培养基）的接触性平皿（也称接触碟，图4-9），直接接触取样点表面约10s，采集微生物；穿戴五指手套检测时打开皿盖，将戴上手套的五指并拢，同时接触培养基表面约10s，盖上皿盖。将培养基倒置于30～35℃培养2d，

图4-9　Φ55mm 接触碟

进行菌落计数。结果评价：将各采样点培养皿的菌落数分别与相应等级的评定标准比较，若每个采样点菌落数均未超过标准限值，判符合规定；若超过，判不符合规定。

（二）表面微生物监测采样实务

1. 采样时机

乳化锅、灌装机、输送管道、工具等，在消毒有效期内、生产使用前采样。

其他类则在生产正常进行时（专项评估例外）。

2. 设备、台面及工具等的采样与监测

（1）取样　设备类：用蘸有生理盐水的棉签在机器内壁横竖往返均匀涂擦各10次（擦拭过程中转动棉签）。灌装嘴则涂抹整个与料体接触部位，擦拭过程中转动棉签，在试管口折断棉签，手接触部位棉棒应废弃，将棉签头放入含有10mL灭菌生理盐水的采样管内送检。

台面、工具、消毒毛巾：用蘸有无菌生理盐水的棉签往返均匀涂擦各10次（擦拭过程中转动棉签），采样面积5cm×5cm；在试管口折断棉签，手接触部位棉棒应废弃，将棉签头放入含有10mL灭菌生理盐水的采样管内送检。

取样时注意将与料体接触的隐蔽部位作为重点。如检验机器的沟缝等处时，将机器拆卸，直接用棉拭子涂抹，涂抹面积可因被检物的形状及大小而定。

（2）微生物检测　已采集的样品在1h内做样。将装有已采样棉拭子的生理盐水试管，振打80次，根据细菌的污染程度，可作适当稀释。取2mL分别注入两个灭菌空平皿，每皿1mL，倾注普通营养琼脂，凝固后倒置，放入37℃恒温培养箱中培养48h，进行活菌计数，计算被检设备表面污染细菌的数量。

细菌菌落总数（CFU/cm^2）＝平皿上菌落的平均数×10÷25

霉菌及酵母菌检测：根据霉菌和酵母菌特有的形态和培养特性，接种于虎红培养基上，置(28±2)℃培养5d，计算所生长的霉菌和酵母菌数。做样与细菌同。

3. 人员手部的采样与检测

（1）采样　采样范围、数量：称料、配料、灌装加料、消毒、灌装，采样重点为与料体和内包材有直接接触的工序；抽样人数根据实际情况确定，原则上不少于该区域生产员工总数的10％。

采样时机：在工艺操作期间进行（专项评估例外）。

采样方法：被检人五指并拢，用一浸湿无菌生理盐水的棉签在右手指曲面，从指尖到指端来回涂擦10次，擦拭过程中转动棉签，在试管口折断棉签，手接触部位棉棒应废弃，将棉签头放入含有10mL灭菌生理盐水的采样管内送检。

（2）微生物检测　将已采集的样品在6h内送化验室，每支采样管充分混匀后取1mL样液，放入灭菌平皿内，倾注对应培养基15mL，凝结后进行培养观察统计结果。按下式计算、报告：

手菌落总数或霉菌及酵母菌总数（CFU/只）＝平皿上菌落的平均数×10

九、成品微生物检查

参照第五章化妆品微生物检验技术。

第四节　化妆品的微生物防控实务

一、化妆品微生物防控的基本原则

（一）优先做好总体布局，强化细化质量管理

优先做好总体布局，就是要树立全局意识，根据化妆品生产的特点，优先考虑产品的防腐体系、生产工艺和包装材料。强化细化质量管理，就是要在产品质量管理上执行"预防为主，防治结合"的指导思想，统筹要素，全面治理，严把质量关。

1. 化妆品产品生产优先考虑的"三个一"

（1）一个切实可靠有效的防腐体系　从监管法规、现行标准的角度看，尚未要求化妆品产品的生产全程和环境各方面达到无菌的标准。企业的生产实践中在所难免地会产生或携带或多或少的微生物，在消费者使用过程中更是难以避免地会造成产品的染菌（手部接触、在空气中暴露等）。

所以，客观上我们需要在产品开发时，根据产品体系、使用部位、功效特点、理化指标等科学选择（搭配）防腐剂，设计一个可靠有效的防腐体系。除非次抛产品❶，一个可靠的防腐体系也是消费者在化妆品使用过程中的必要品质保障。

（2）一个科学可靠且可行的生产工艺　从制造的角度，有一个好配方（含可靠的防腐体系）可看作是"优生"。在制造全过程中严格执行科学严谨、合理可行的各环节生产工艺，实现产品开发设计所确定的各项指标及其要求，生产出合格乃至优质的产品，此可视为"优育"。可以看出，"优生"是"优育"的必要前提，是基础要件。

（3）一套匹配相容、可靠密封的包装材料　匹配相容指包装材料与化妆品的料体相容（互相接受、互不影响），避免膨胀、开裂、渗透、溶解、吸附、分层、出油甚至破乳、变色变味等不良现象的发生。要最大限度地避免包材与料体的不相容（包括化学不相容、生物不相容、物理不相容），必要时必须严谨、认真地开

---

❶　次抛产品，顾名思义就是"一次一抛"，如面贴膜、几毫升的安培瓶原液等，每个独立包装只用一次。

展测试评估。

可靠密封，就是拧（盖）得紧、不漏气（料）——无论是在生产制造环节还是在消费者的使用环节。

2.预防为主、防治结合

化妆品产品的一切监测、检验手段，都有滞后性，结果是好、合格，自然是皆大欢喜，反之却是既成事实。特别是其微生物指标，一旦检测报告超出限度值，大概率的处理是报废。造成最直接的后果是报废产品的经济损失、延期交货损失。即使有少部分可以通过返工处理，使其成为合格产品，但细菌被杀灭或自溶后所释放出的内毒素，也会给消费者健康带来风险隐患。

所以，在化妆品生产品质管控实践中，必须有全面质量管理的思维，贯彻执行"预防为主、防治结合"的指导思想。在原料把关、设备和器具清洗消毒、各环节工艺把关要不遗余力地强调、落实"一次做好、三不原则❶"的思想。在质量管理体系的程序控制文件、工作文件、作业规程中，在各相关岗位的绩效考评中，极有必要非常清晰地予以明确、强调强化。

在治理上，应遵循"统筹要素、全面治理、重点突破、防治结合"的原则。

统筹要素，是指在设计整治方案、处理不合格个案时，要充分评估生产"六要素"的影响，不能顾此失彼，要严格落实"五不放过❷"。

全面治理，更多的是要求调动企业各级各部门的力量，从生产"六要素"着手，发挥协同力量。

重点突破，是在面对一时难以打开局面或疑难诸多时，不急于全面开花、苛求全面结果，宜在前面两点原则的基础上选准突破点，集中优势力量在一段时间内解决一两个问题。同时，此原则也是QC新旧七法❸之帕拉图法、鱼骨图法的具体运用。

防治结合，通过质量策划不断完善预防机制体制，同时以不良为切入点在解决问题的过程中不断优化完善体系并培养锻炼管理队伍、技术人才。

（二）紧盯紧抓硬件建设，小细节上下大工夫

有关于化妆品生产企业的硬件要求，主要集中在《化妆品生产许可工作规范》和《化妆品生产许可检查要点》，以及《化妆品生产质量管理规范》。可参照的技

---

❶　三不原则，是指在生产制造过程中不接收前工序来的不合格、自己不制造不合格、任何不合格在本环节/工位都不允许放过/流到后工序。

❷　五不放过：没有找到问题/不良产生的原因不放过；没有找到制定针对性纠防措施不放过；纠防措施未有效落实不放过；当事人和全员没有受到教育不放过；相关责任人未追责处理不放过。

❸　QC新旧七法，质量管理的控制工具，以旧七法应用最多。旧七法包括检查表、层别法、帕拉图、鱼骨图（因果图）、散布图、直方图、管制图。

术标准，则主要是《洁净厂房设计规范》（GB 50073）、《医药工业洁净厂房设计标准》（GB 50457）。

1. 厂址风向要选对，装修设计要到位

在《化妆品生产许可工作规范》第三条中明确规定（摘要）：

申请领取《化妆品生产许可证》，应当向生产企业所在地的省、自治区、直辖市食品药品监督管理部门提出，并提交下列材料：

① 厂区总平面图（包括厂区周围30m范围内环境卫生情况）及生产车间（含各功能车间布局）、检验部门、仓库的建筑平面图。

② 生产设备配置图。

③ 施工装修说明（包括装修材料、通风、消毒等设施）。

④ 证明生产环境条件符合需求的检测报告，包括生产用水卫生质量、车间空气菌落总数、车间混合照度的检测报告和空气净化系统竣工验收文件等。

再结合《化妆品生产许可检查要点》有关厂房与设施的要求，补充如下要点：

① 在建厂/租赁厂房前，有必要查当地水文资料，看常年主导风向（或盛行风向）并结合周边其他建筑或行业企业分布，避免本厂处于易受不良气溶胶、粉尘等污染的下风向。

② 厂房装修材质选用玻镁防火彩钢板，选优质的具有装修设计和施工资质的公司合作。合作前就墙板、电线电缆、灯具、开关、洁净空调系统（冷冻机/风柜/初中高效过滤器的型号）、制冷方式（风冷或者水冷）、管道布置、气流风向、风速和风量、排污/排水管道、地面平整度及其倾斜度、室内消毒方式及其细节（如主设备品牌和规格型号、管道、效果等）、人/物通道和消毒设施等，协商达成共识并签订为合同的技术性附件。

特别提示：在选择装修材料时选用的角两通、角三通、圆底条、内圆弧（见图4-10和图4-11），要尽可能选择有较大刚性强度、厚度的优质型材。因为这些部位是最常见且最容易脱落坏掉的。

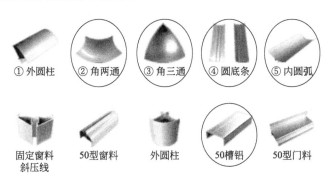

图 4-10　洁净车间常用装修型材

① 两边扣玻镁板；④ 靠墙钉在地上/链接垂直的两面玻镁板；
⑤ 扣在④的上面；② 链接两边的⑤遮挡①的脚；③ 扣在垂直
于三面的交点之⑤上

图 4-11　洁净车间装修型材使用

2. 做好地面和管道的坡度

（1）地面 2% 的坡度　在保证平整结实的前提下，地面要有 2% 的坡度，以便于充分且自然排净积水。

同时，处于一楼的车间在环氧树脂自流平、做彩砂固化或者铺设 PVC 地板胶等施工前，首先应确保地面基底的防水可靠，否则极大可能会长期陷入水汽上冒、地面穿孔等诸多问题的困扰。

在最低处和必要位置设置排污口，装 GMP 地漏❶——这是很多企业在装修厂房时极易忽略的。车间各处以管道直连方式排污的务必安装止回阀，即使是员工洗手盆的排污管道至少也应设置水封，目的在于防止废气回冲，微生物随气体流动进入到洁净车间。

（2）管道 1% 的倾斜度　蒸汽管道、压缩空气管道、纯水管道、输料管道，在各系统中凡是与地面基本水平的各类管道，均应设计 1%（或者 1cm/m）的倾斜度（坡度），且原则上入口高、出口低（按输送介质的流向）。管道设计与安装应符合流体力学原则。一般管内流速＞2m/s，使水流状态处于湍流状态下流动。旨在充分排空输送的物流（水汽、水、料体，甚至是杂质），最大限度降低微生物在其中滋生的风险。

工艺用水的制备、储存和分配应能防止微生物的滋生和污染。储罐和输送管道所用材料应无毒、耐腐蚀。管道的设计和安装应避免死角、盲管。储罐和管道要规定清洗、灭菌周期。储罐的通气口应安装不脱落纤维的疏水性除菌滤器。

3. 统筹设计新风系统回风系统

（1）新风系统设计不能忽略泄漏量　在笔者了解的多个净化车间工程，完工验收时发现理论计算值和实际测定值存在明显差距，有的甚至相差极为悬殊。表

---

❶　GMP 地漏：又称为"不锈钢洁净地漏"，整体采用不锈钢 304（316、316L）材质制作，表面平整光洁，采用双重密封（气封和水封相互结合），确保其密封性。其面盖采用暗门式拉手，确保与整体地面的协调与平整。

现为新风量无法满足换气要求，车间洁净度达不到设计标准。一旦出现这种情况，补救起来极其麻烦。

究其原因，新风不足和工程的各个环节都相关。有的是新风口和新风管道的尺寸设计偏小，此种情况多半是受制于场地空间，或者是业主限制了建筑物上开洞的尺寸，在设计时没有采取补救措施。还有一个极易发生、更主要的问题是忽略了泄漏量。客观上讲，无论施工如何精良，泄漏也是在所难免的。所以，必须在新风量计算时充分考虑泄漏量。具体应该放大多少，应视送风系统的空间距离和管道接缝数量和长度确定，还须考虑施工队伍的质量管控水平。

（2）统筹设计好回风系统　在净化车间压力控制方面，回风系统的设置不单要把回风引回循环机组，还要参与系统压力的控制。设计中突出的问题是片面强调房间内的气流分布均匀，从而盲目地增加回风口的数量，大量使用相同尺寸的回风口，而不考虑采取相应控制措施。回风口面积的增大，无形中增加了回风量的控制难度，易导致正压无法形成。

（三）配备培训相应人员，行使职权履行职责

化妆品生产的"六要素"中把"人"排在第一位，究其原因在于——人是问题的制造者，也是问题的解决者。

与化妆品生产过程微生物防控相关的"人"主要有以下几类：专业技术人员、管理人员、生产人员、外来人员。

1. 专业技术人员

《化妆品监督管理条例》第二十一条规定"从事安全评估的人员应当具备化妆品质量安全相关专业知识，并具有 5 年以上相关专业从业经历"。

在保证化妆品安全评估人员配置同时，笔者更看重微生物防控专家——这个岗位在国内的一线品牌、大型企业多半有设置，但绝大多数企业是没有的。这个岗位可以由具备过硬的微生物专业知识和丰富的微生物防控实战技能和经验的其他岗位人员兼任，最佳人选是微生物实验室负责人。其负责全厂的微生物防控策划、统筹全生产过程微生物防控队伍建设和防控工作的开展，兼具专业技术和品质管理双重职能。其将参与产品防腐体系的设计和能力确认，厂房车间的平面布局设计、装修设计和验收，各洗消方案的审核把关和 SOP（标准操作规程）的核准，微生物超标事件的诊断、处理和措施评估及效果确认等。

2. 管理人员

《化妆品监督管理条例》第三十二条规定"化妆品注册人、备案人、受托生产企业应当设质量安全负责人，承担相应的产品质量安全管理和产品放行职责。质量安全负责人应当具备化妆品质量安全相关专业知识，并具有 5 年以上化妆品生

产或者质量安全管理经验"。

《化妆品生产质量管理规范》（征求意见稿）第九条"企业应当设质量安全负责人，具备化妆品、化学、化工、生物、医学、药学、公共卫生或者食品等相关专业大专以上学历，具备化妆品质量安全相关专业和法规知识，并具有 5 年以上化妆品生产或者质量管理经验，承担产品质量安全管理和产品放行职责，确保质量管理体系有效运行"。

《化妆品生产质量管理规范》（征求意见稿）第十条规定"质量部门负责人协助质量安全负责人开展质量管理工作，应当具有化妆品、化学、化工、生物、医学、药学、公共卫生或食品等相关专业大专以上学历，具备化妆品质量安全相关专业和法规知识，具有 3 年以上化妆品及相关行业生产或者质量管理经验"。

《化妆品生产质量管理规范》（征求意见稿）第十一条规定"生产部门负责人应当具备化妆品相关专业大专以上学历，具备化妆品生产和法规知识，具有 3 年以上化妆品及相关行业生产或者质量管理经验"。

3. 生产人员

对生产人员，更主要的是熟知 ISO 22716 标准要求，对企业 ISO 9001 体系的各级文件（凡是与本职工作开展相关的）均需熟悉，特别是本岗位所涉及的标准、规范、工艺等熟练掌握，经过每年至少 2 次的微生物防控相关的知识培训，具备所在岗位的微生物防控专业知识和必备技能。

在《化妆品生产许可检查要点》的"机构与人员"第三节"人员培训"中明确规定"企业应建立培训制度。企业应建立员工培训和考核档案，包括培训计划、培训记录、考核记录等。培训的内容应确保人员能够具备与其职责和所从事活动相适应的知识和技能。培训效果应得到确认。企业应对参与生产、质量有关活动的人员进行相应培训和考核"。

《化妆品生产质量管理规范》（征求意见稿）第十二条规定"企业应当制定员工年度培训计划，并组织实施，使员工熟悉岗位职责和相关法律法规知识，具备履行岗位职责的知识和技能，考核合格后方可上岗"。

关于授权和管理，旨在强化执行力、落实责任制。其基本做法有：

赋予微生物防控专家、质量部门人员以必要且足够的权限，使其行使职权，担当起包括微生物防控在内的品质控制与保证职责。

给予各级各部门干部、员工相应的监督控制权限，这个监督权不分内外只对事不对人——只要是在他们的工作岗位上，他们都有权拒绝违规要求、违规行为，不论对方是外来参观者，还是企业内部高管。而且，如果是内部人员违反了微生物防控规章，他们有权提报提请依规给予对方以惩戒。

（四）打造匹配供方队伍，设定制定准入规则

1. 微生物防控相关的供方

（1）厂房建设和车间的装修施工方　业主方在建设装修时首先考虑的是成本可控和物有所值，市面上的建装公司很多，有资质的也不少，但要找到一家专业强、品控好又性价比高的单位确实不容易。问题的关键还是在于业主方自己是否专业、懂行，目标的实现涉及多少技术指标，这些技术指标孰轻孰重，通过怎样的方式才能高效地达到要求，这些都得依赖业主方自己的专业和经验。

（2）设备、设施的设计制造商　道理同上。

（3）原材料供应商　原材料供应商，在此具体是指原料、内包材、生产辅料的提供商。优质靠谱的供应商，提供长期稳定合格可靠原材料是保证企业生产周期可控、库存可控和品质稳定的前提。这类供方提供的原材料都可以通过来料检验来把关，只要微检不合格就退货，但是来料检验毕竟是抽样检验，即使抽样检验有高置信度，但仍不可避免地存在"漏网之鱼"（微生物超标）。一旦"漏网之鱼"被当做合格物料正常使用，则可能埋下难以预料的隐患，可能造成无法估量的损失。

2. 找到匹配供方的具体做法

综上唯有自身做好以下的准备工作，才能有的放矢地找到匹配的供方。

（1）成立一个多部门（产品、研发、技术、生产、质量）成员组成的准入评审小组；每个部门均有一票否决权（一个部门不同意则不予准入），其分管领导可驳回（采购部、质量部的否决权仅最高负责人方可驳回）。

（2）建立一个准入标准。以质量保证为核心，辅以产能交期、技术支持、客户服务，以及性价比等指标，作为对供方准入的统一评审标准。

需要注意的是，原料的制造商和贸易商、包材的制造商和贸易商、各种生产辅料的供方、设备设施供方、厂房建筑供方、四害消杀供方，其评价标准的整体原则一致，但具体条款和细节应根据其类别特点来制定。

（3）确定两种评审方式：现场评审和非现场评审。全部都亲临现场，眼见为实是最佳的。但客观上受时空限制我们不可能对每一个供方都能及时去现场评审。因此，极有必要设定非现场评审的规则。

（4）建立两个清单。负面清单——一旦供方有其中一条就不得准入或应予淘汰。正面清单——供方必须具备清单所列全部要求，方可准入。这个旨在快速高效、直观地筛选准供方。

二、清洗和消毒验证方案设计

（一）验证概念

验证，是证明某个或某类别的硬件（机器设备及其附设、工装器具、厂房设施空间、原材料、半品、成品等）、软件（工艺流程、体系方法、规范方法、标准、检验监测规则、检验方法等），确实能达到预期的结果，由此展开的一系列的活动。这个活动过程中应形成相应的记录文件，经过评审得出结论，判断其是否有效、完整、适宜。

清洗和消毒验证，就是为了证明某（类）特定对象（在此主要指内包材、设备和工具），完成验证计划所设定的全部内容，以确认清洗方法、消毒方法是否达到预期的结果——清洁彻底干净、消毒有效可靠。

（二）洗消验证方案

验证的基本步骤大致如下：风险评估→确定验证目的→界定验证实施/确认范围→成立验证小组并分工→编制验证方案→验证方案报批→实施验证方案→复核和评审→验证总结报告。

1. 风险评估

风险评估的目的是为了确认验证的范围和项目程度（合格标准是什么）。需要有丰富的现场实战经验、熟练运用鱼刺图帮助确认风险项目，再通过 FMEA（失效模式与影响分析）等工具对风险进行分析、评估。

2. 验证方案

验证方案：一个阐述如何进行验证并确定验证合格标准的书面计划。通常由三大部分组成：一是指令，阐述检查、校正及试验的具体内容；二是设定的标准，即检查及试验应达到什么要求；三是记录，即检查及试验应记录的内容、结果及评估意见。

成文的验证方案应包含：项目概述，验证的范围，所遵循的法规标准，被验证的软件/硬件，验证小组（人员与职责），合格标准，验证文件要求，验证计划时间表等内容。方案中还应该交代清楚：验证前的检查对象、内容及其要求，验证依据，取样方法及检验依据，以及偏差及变更的处理。

3. 验证总结报告

验证总结报告，是对验证方案及已完成验证试验的结果、漏项及发生的偏差等进行回顾、审核，确认变更的有效性，最终作出评估的文件。

（三）洗消验证方案范例

管道式过滤器验证方案

1. 背景

原料偶尔有少量细小黑色杂质在所难免，但化妆品最终产品不允许有黑色杂质存在，为此引进管道式过滤器作为化妆品半品在配制后出料的过滤设备。管道式过滤器采用机械式的过滤结构，能够有效增加过滤面积并且滤网采用316L不锈钢材质，更加稳固可靠，有效保障品质。

2. 目的

本方案用于验证管道式过滤网过滤的有效性。确保过滤网使用过程中能有效地保证过滤效果，保证产品品质，消除料体有杂质和黑点的问题。同时将对过滤网的消毒有效性进行同步验证，验证内容包括消毒效果和消毒有效持续时间。

3. 范围

适用于生产部门配料车间生产的料体（除精油、粉类及特殊要求使用 $0.22\mu m$ 滤纸过滤的料体）。

4. 方案设计

（1）过滤器结构组成

① 过滤器为316L不锈钢材质，主要由炮筒和过滤网两大部分组成。

② 过滤网由316L不锈钢材质过滤网弯曲制成空心圆柱体，过滤网外框使用打满小孔的套筒（316L不锈钢空心圆柱体）将其固定支撑，顶端使用螺纹盲板加四氟垫片密封，底部为卡盘快接口，使用硅胶密封圈和卡箍与炮筒连接。

③ 滤器内部组成如图4-12所示。

（2）过滤器工作原理

料体从物料入口进入，通过滤网过滤（由内到外过滤），料体通过滤网由过滤器出口排出。物料流向如图4-13和图4-14所示。

图4-12　管道式过滤器内部结构图

图4-13　物料流向图

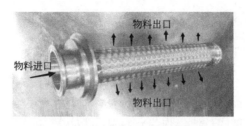

图 4-14　物料在滤芯内的流向图示

（3）过滤器清洁难点

①过滤网顶端螺纹盲板处：螺纹处凹凸不平，残留物料不易清洗，如图 4-15 所示。

❶将螺丝头拆下，使用自来水进行冲洗清洗
❷如自来水冲洗后还有物料残留时，再使用无纺布蘸洗洁精进行清洗
❸使用无纺布擦洗时，需要注意螺纹处较为锋利，避免划破手指
❹清洗至螺纹处无物料残留为止

图 4-15　清洗难点之一螺纹处

②过滤网外壁小圆孔：过滤网外壁小圆孔与过滤网形成一个小的圆孔凹槽，凹槽会残留物料且不易清洁。

（4）清洗方法及有效性验证方案

根据以上清洗难点，设计的清洗方法如下：

①将过滤器滤筒拆出，可拆卸部件拆除。

②卡箍、密封圈、四氟垫片、炮筒内外表面光滑，使用自来水冲洗干净即可。

③过滤网顶端盲板螺纹处清洗：先使用自来水冲洗干净盲板表面物料；螺纹凹槽处使用无纺布蘸洗洁精刷洗，直至肉眼观察不到物料残留为止。

④过滤网清洗：a.滤网内壁清洗，使用高压水枪（10MPa≤水枪压力≤13MPa，冲洗时水的形状为束状）倾斜对着滤网内壁进行反复冲刷清洗，直至肉眼观察不到物料残留为止；b.外壁圆孔处清洗，使用高压水枪倾斜对着圆孔上下左右处依次进行冲刷清洗，直至肉眼观察不到物料残留为止；c.冲洗完毕后，再次观察内壁滤网处是否还有残留，如有残留返回步骤①进行冲洗清洗。

注：以上清洗过程中有油污、污物不易清洁可加入洗洁精进行清洗；对于油包水粉底体系的料体，应借助白矿油进行清洗。

清洗有效性验证：

将已清洗干净的过滤器浸泡在干净纯水中 10min 后，纯水表面无漂浮物料、油污即说明清洗有效，反之则无效。

清洗后，取过滤器的冲洗水样做电导率检测。

（5）消毒方法及有效性验证方案

① 过滤器的消毒方式为连接乳化系统进行消毒，详细消毒方法如下：

a. 将过滤器进料口安装在乳化系统底阀处（乳化系统底阀为关闭状态），出料口安装蝶阀并用盲板密封；

b. 乳化锅按照消毒流程放水加热至85℃时，将乳化锅底阀打开，乳化锅内热水流入过滤器中，过滤器同乳化锅共同消毒，水温保持85℃以上保温30min；

c. 消毒完成后，将乳化系统内消毒热水通过过滤器排空（需取水样），拆下过滤器，将进料口/出料口安装盲板封存待用。

② 消毒完成后，取样检测，进行有效性验证：

取样点：炮筒内壁、滤网内壁、滤网外壁圆孔、过滤器顶端螺纹处、炮筒与过滤器快接处、消毒水取样。

时效性验证：消毒密封保存，4h后再做取样、微检，以评估消毒后放置4h后的微生物水平，确定消毒有效期。

（6）过滤有效性验证

过滤器大小/目	适用产品	验证方法	验证次数
100	洗面奶/膏霜类/精华乳（O/W）	将已消毒过滤器安装在乳化锅出料口，在过滤器后端处安装与过滤器相同孔径大小的过滤布过滤料体； 过滤过程中分别在前中后三个位置各取3瓶样，用于观察料体内部有无黑点杂质； 过滤完成后拆下过滤器后端滤布观察滤布表面有无黑点、杂质； 料体前中后取样有无黑点杂质，末端滤布表面有无黑点杂质，如无，说明过滤有效，反之则无效	3次/类别
100	粉底类（W/O）		
200	面膜/原液类		
400	纯水剂类（不包括0.22μm过滤料体）		

5. 验证小组人员及职责

编号	责任人	职责	工作内容
1	配料车间主管	负责有效性验证	有效性验证的计划与执行，收集相关信息，完成验证报告
2	配料技术员	生产班组	配合完成现场的执行，并做相关记录
3	实验室负责人	微生物专家	评审方案可行性和科学性，确定取样点与成功标准
4	微检人员	微生物检验人员	取样与检测
5	技术部负责人	技术支持	验证方案的可行性与现场指导
6	质量总监	组长	协调资源、批准方案、批准报告

6. 合格标准

编号	验证内容		标准
1	清洗有效性验证	检查滤网、炮筒	浸泡于(83±℃)2洁净热水中,检查溶液是否有漂浮物
			内外表面无杂质、物料残留
		浸泡10min后,取水样测电导率	冲洗前后电导率之差≤1μS/cm
2	消毒有效性验证	在滤网消毒后进行微生物验证,标准如下:	
		消毒后第一批生产(物料样)	细菌总数<10CFU/cm²
		滤网取样点(棉签样)	霉菌+酵母菌<10CFU/cm²
3	消毒有效时长4h	在消毒后第5h进行滤网微生物验证	
		滤网取样点(棉签样)	细菌总数≤10CFU/cm²
			霉菌+酵母菌≤10CFU/cm²
4	过滤有效性验证	根据半成品料体输出的不同时间段进行取样并检查外观	
		在滤网末端增加滤布检查	滤布无杂质无黑点
		头样(全容量)、中样(一半容量)、尾样(剩下约50kg):各3瓶	检查料体无杂质无黑点

7. 验证记录表单

过滤器清洗验证记录表、过滤器过滤有效性验证表、过滤器消毒验证记录表。

8. 验证结果明细

见验证记录报告。

9. 结论

（1）根据对管道式过滤器制定的验证方案进行操作执行，验证结果均为合格；

（2）此管道式过滤器的清洗/消毒/过滤方案有效，在没有更好的过滤系统代替之前，管道式过滤器可按照方案持续执行。

10. 相关负责人签字审核（略）

（四）验证注意事项

① 验证成败的关键首先在于风险评估，特别是经风险评估确定的验证项目和合格评定标准至关重要。

② 应先组成小组（团队）对验证对象、内容等展开讨论，开展风险评估，沟通检查的项目或指标，在充分听取专家意见基础上就合格标准达成共识。

③ 已经广泛应用、纳入国标的各种方法、规范，都是在理论上反复推敲、实践中无数次验证为可行的。比如巴氏消毒法、臭氧消毒法、高温高压灭菌法等。

如果我们在实践中采用这些方法还是出现验证不能通过，或者偶发染菌/微生物超限度值的情况，不要去怀疑这些方法本身，而是把眼光转向作业过程中的每一个细节、动作，所涉及的每一个对象，尤其是实操中的重难点的识别。但凡易于藏污纳垢积水、不便不易不常触及之处则是洗消重点、难点。

④ 避开洗消验证的陷阱　常见的洗消验证方案中，基本上都有"按本方案所设定的方法，连续三次，每次各点取样检验结果均符合合格标准，则通过验证"之类的表述，但是这类验证存在着一个陷阱，可能你不用此方法进行清洗或者消毒，它本身就能够达到标准的要求。那么这个清洗、消毒的方法和合格结果之间，未必就存在因果关系，据此得到此方法有效的结论就明显不严谨。

反过来，因取样的不严谨而检出超标的微生物数，由此也误得出清洗、消毒方法无效的结果，还有，未能充分识别风险隐患点，导致取样未能充分体现验证对象的随机代表性，由此徒增错检漏检风险。

三、化妆品染菌问题的对策实务

（一）前置建设肯下工夫，精准对策高效获得

化妆品产品染菌后，高效获得精准对策有几个前提须花工夫去建设：

1. 高效的信息汇集和分享机制

包括产品染菌后快速提报和分享，各类相关资讯数据快速汇集，信息、数据要全面、准确，并能根据需要快速做出分析。这个需要企业的信息化集成建设助力，比如企业管理系统（ERP）、移动办公软件（OA）、生产信息化管理系统（MES）等的协同整合之力，不要存在信息孤岛问题。

2. 专业权威的检验机构

企业需要有一个硬件过硬、管理规范、人员精良的检验实验室，并且按照ISO 9001、ISO 22716 和《化妆品安全技术规范》等标准的要求，严格、严谨、有序开展监测、检验活动，其所提供的数据和报告是权威、经得起推敲和时间考验、经得起国家实验室认证评估评审的。

3. 借力现代科技力量

① 在化妆品生产过程中可借助已有常规检验方法所积累的大数据，借力 ATP荧光检测仪的应用实现快速检测和判定。ATP 荧光检测仪是基于萤火虫发光原理，利用"荧光素酶-荧光素体系"快速检测三磷酸腺苷（ATP）。由于所有生物活细胞中含有恒量的 ATP，所以 ATP 含量可以清晰地表明样品中微生物与其他生物残余的多少，用于判断卫生状况。

由此带来的好处是：a. 假设有菌，可以当即采取有效措施将其扼杀在大量繁殖之前，此举可为企业挽回相当的经济损失；b. 节约生产过程中的宝贵生产时间（按传统微生物检测方法，生产周期中有一半的时间都是在等待结果）。

② 在生产过程、检测的关键工位、场所布设视频监控。目的有二：a. 给操作者以适当的心理暗示——我必须严谨认真作业。b. 在需要时可以完整还原特定时段发生了什么。

（二）运用品质管理手法，抽丝剥茧寻找真因

解决问题就要抓关键控核心，在品质管理常用统计技术（QC 新旧七法）中，相对实用有效也极常用的是鱼骨图（亦称作因果图）。将化妆品生产现场的 6 个要素各作一根子骨，然后借助脑力激荡法把搜集到的各种可能因素作为孙骨，逐层抽丝剥茧，直至找到真因。

按照多数企业的内控标准，半成品、灌装料和成品的微生物标准是菌落总数 <100FU/g（或 mL），按稀释 10 倍做样，实际上就是在检品培养皿上菌落数不为 0，则称为 "染菌"。造成化妆品产品染菌有两个途径：

① 物料不洁而自带；

② 生产过程被污染。

下面结合图 4-16 一一分析：

1. 物料原因

（1）材料　包括原料、工艺用水、半品、内包材、成品。

不洁（不合格）物料被使用或进入工序，应重点核查：

① 是否使用了过期原料？为何过期原料会被误用？是信息系统控制问题还是线下人员的作为或不作为所致？

② 来料不良被误用？为何被误用？是哪个环节控制出错还是人为所致？

③ 不合格物料被错标为合格物料，从而造成误用？为何会发生错标？

④ 良品与不良品混在一起且被全部作为良品使用？不合格控制生产过程的哪个环节失控？

（2）货不对版　比如错用同名但型号或含量不同的原料，若正好这个原料的错用会造成半品料体的体系、pH 和（或）电导率发生改变，而这个改变恰好破坏了防腐剂作用发挥的适宜环境条件，更甚者是采用了含量更低的防腐剂，其最大的隐患在于造成产品配方的防腐体系发生负面的改变，造成防腐能力下降甚至丧失防腐能力。

另外一种对微生物防控具有负面影响的货不对版，是涉及内包材的。比如系列包装中误用规格型号有差异的配套包材，导致其密封性不能满足产品所需。又如，因货不对版使得半品料体与包材的相容性受到不利的影响，导致产品防腐能

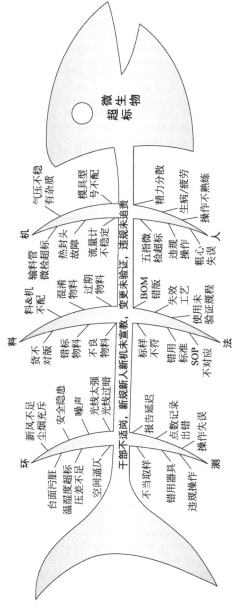

图 4-16　微生物超标分析－鱼骨图法＋5W1E

力下降或者产品的其他质量指标不能满足标准要求。

（3）主要控制措施

① 建立健全并全面、严格实施供方准入、原材料准入、原材料采购、仓储、运输、检验监测、不合格控制等管理制度。

② 建立并认真执行进料检验、入库、保管、标识、发放制度，从严控制质

量。特别是"先旧后新，先进先出"准则。

③ 严格依照对应原材料、半品、成品以及其他生产要素的质量标准要求，全面贯彻"三不"原则。

④ 实施全覆盖的原材料、半品、部品和成品的编码（一物一码、改版改码）、批号管理。

⑤ 对不合格品有控制办法，职责分明，能对不合格品有效隔离、标识、记录和处理。

⑥ 生产物料信息管理有效，严格按照 ISO 22716、《化妆品监督管理条例》和《化妆品生产质量管理规范》的要求做好每一个批次的全流程记录，确保质量问题可追溯。

2. 过程被污染

（1）机　机器设备、设施、工装器具、管道、瓢勺等。

① 清洁不彻底、消毒不到位，微生物超标是造成化妆品产品染菌的最大风险。

② 维护保养不到位、故障频发或精度等相关技术参数不能满足制造合格产品所需为次级风险。

③ 模具或配件不匹配在某些特定情形下会造成操作不便或故障偶发而导致污染。

④ 主要控制措施有以下几点。

a. 有完整的设备管理办法，包括设备的购置、流转、维护、保养、检定等均有明确规定。

计量设备尤须注意，必须根据计量器具的特点设置各环节（主要是采购审批、购回验收等环节）的技术参数、合格标准等，因为计量管理是质量管理的基础，其专业性又非常强。

b. 设备管理制度各项规定均须全面落地实施，有设备台账、设备技能档案、维修检定计划、相关记录，记录内容完整准确。

c. 生产设备、检验设备、工装工具、计量器具等均符合工艺规程要求，能满足工序能力要求，保证质量要求。

d. 生产设备、检验设备、工装工具、计量器具等处于完好、受控状态。

（2）法　方法，包括产品标样、生产工艺、作业指导书，标准流程指引，物料清单 BOM（Bill of Material）、生产计划表，检验标准，各种操作规程，等。

① "法"的要素造成化妆品产品染菌的主要风险：以上的每一项用错了，都有大概率的微生物超标问题发生。

② 关键控制：严格按文件控制做好"法"的审批和收发，严格按照变更和验证控制程序抓好变更前评审、验证和变更后的文控。

③ 主要控制措施有以下几点。

a. 工序流程布局科学合理，满足产品质量实现的要求。

b. 能区分关键工序、特殊工序和一般工序，有效确立工序质量控制点（Q点），对工序和控制点能标识清楚，对 Q 点员工熟知要求。

c. 有正规有效的生产管理办法、质量控制办法和工艺操作文件。

d. 主要工序、每个配方、每款产品都有作业指导书，每台设备都有安全操作规程，操作文件对人员、工装、设备、操作方法、生产环境、过程参数等提出具体的技术要求。特殊工序的工艺规程除明确工艺参数外，还应对工艺参数的控制方法、试样的制取、工作介质、设备和环境条件等作出具体的规定。

e. 工艺文件重要的过程参数和特性值经过工艺评定或工艺验证；严格执行生产过程控制程序的变更，特殊工序主要工艺参数的变更，必须经过充分试验验证或专家论证合格后，方可更改文件。

f. 明确每个质量控制点的检查项目（指标）、检查要点、检查方法和接收准则（合格标准），并规定相关处理办法。

g. 实行严格的文件控制（含记录控制）程序，确保文件（和记录）的编制、审核和审批得到充分保障，以保证生产现场所使用文件的正确、完整、统一性，工艺文件处于受控状态，现场能取得现行有效版本的工艺文件。

h. 打造团队强大的执行力，确保质量管理体系、其他规章制度均全面落地执行，记录资料能及时、按时、客观、准确、全面的填报。

（3）环境　生产环境，含厂区外围、厂内环境，重点是车间内部环境。

① 具体指这些环境的室内空间是否太窄和（或）太低矮让人感觉不适，是否存在噪声污染，光线强弱是否适当，温度、湿度、洁净度/污染程度是否超标，清洁和消毒，室内气压差是否过大让人有不适感觉或不符合洁净室要求，"机"是否便于清洁和消毒等。

② 此要素造成化妆品产品染菌的主要风险为：空间温度和湿度超标，通风换气不达标，造成室内洁净度不达标，环境本身污染。

③ 微生物附着在尘埃粒子上随气流而扩散，直接或间接地污染原材料、设备、产品。如，"机"接触料体的部位、"料"暴露在不洁净的环境中，浮游粒子、各种微生物附着其上，即直接或间接地污染了产品。

④ 主要控制措施：生产现场环境卫生管控制度完善、执行到位。生产环境的相关环保设备、中央洁净空调、安全健康等设备设施配置完备、运行正常。环境关键因素如温度、湿度、光线等符合内控或者严于法定要求，监测手段完善。现场 5S❶宣导和落地效果良好，车间等生产环境保持清洁、整齐、有序，无与生产无关的杂物；材料、半成品、用具等都按标准定置定位整齐摆（存）放。环境清

---

❶ 5S 现场管理法是指在生产现场中对人员、机器、材料、方法等生产要素进行有效管理的方法。5S 即整理（Seiri）、整顿（Seiton）、清扫（Seiso）、清洁（Seiketsu）、素养（Shitsuke）。

洁和消毒、设备运行、监测等记录按规定的时间、方法和要求客观、准确、完整填写和汇交，归集使用、保存。

（4）测量　主要指检验、测试、监测的工具、方法，执行测量作业的人。

① 该要素造成化妆品染菌的主要风险点：不恰当的取样、违规操作、错误操作、错用工器具、点数或记录出错、设备故障或精度不达标等。由此，直接对"料""机""人"造成污染（交叉污染为甚）之高风险，同时可能造成漏检或（和）误判。

② 主要控制措施有以下几点。

a.确定测量任务及所要求的准确度，选择使用具有所需准确度和精密度能力的测试设备。

b.制定并执行微检所用到的计量器具（高压灭菌锅、各种恒温培养箱、电子天平等）的检定或校准的计划，定期对所有测量和试验设备进行检定确认、校准和维护保养，保存校准记录。

c.发现测量和试验设备未处于校准状态时，立即评定以前的测量和试验结果的有效性，并记入有关文件。

d.做好"人"的培养、管理，杜绝人为因素导致在"测"的环节出现交叉污染、漏检或误判。

3. 染菌的根本原因都是人的行为结果

人：操作者的质量意识和质量素养、技术熟练程度、身体状况等。

（1）主要风险点

操作不熟练、违规操作、粗心失误、手部染菌。再深究则有精力不集中或精力不济、生病、疲劳、培养训练不足、管理不到位、缺乏赏罚分明的激励机制等。

（2）主要控制措施

① 强化全员进行有计划、有针对、有考评的培训，以制度和激励机制来保障培训的实施和培训的效果。

a.生产人员须符合岗位技能要求，经过相关培训考核。

b.特殊工序应明确规定特殊工序操作。

c.检验人员应具备专业知识和操作技能，考核合格者持证上岗。

d.所有生产管理的各级干部，均须经过与其管辖区域、范围所适应的质量管理（含微生物防控）专业知识和岗位技能的培训，并经考评合格方可上岗（录聘、任职/晋升）。

② 强化督导：强化走动式管理、干部下基层、三现主义❶，强化解决问题的

---

❶ 三现主义：现场、现物、现实。即一切从现场出发，针对现场的实际情况，采取切实的对策解决，是一种实事求是的做法。当发生问题的时候，要求管理者须快速到"现场"去，亲眼确认"现物"，认真探究"现实"，并据此提出和落实符合实际的解决办法。

效率和质量。

③ 建立赏罚分明的激励机制，培育打造企业执行文化、担当精神，借此为各项规章制度、质量管理体系的各层级文件和记录提供强大的落地支持，为选拔优秀干部、达成各个攻坚克难的目标提供强大的制度保障。

（三）以问题为切入点，以不良为改善机会

用对、用好质量管理的各种工具，借力于 ERP、OA 等信息化手段、数据管理工具，让问题及时（最好是在萌芽状态）被暴露、被发现、被重视，进而得到及时、相对彻底的解决、治理。以问题作为切入点，是一个直接、高效的管理思维。在运用时要注意：拨云见日——不要陷入问题本身拨不出来，追寻问题的根本原因，探究问题发生的规律，才能找到并采取针对性强且切实可行的措施。

第五章
化妆品微生物检验

第一节　概述

化妆品在生产和使用过程中都面临着受到微生物污染的可能性，而污染的微生物种类繁多，最严重的微生物污染是致病性微生物的污染，如致病性细菌金黄色葡萄球菌或条件致病性微生物绿脓杆菌或白色念珠菌的污染，在使用过程中就会对消费者造成极大的危害。非致病性微生物的污染一般不会对消费者造成生命威胁，然而很高浓度的微生物的污染如达到 $10^5 CFU/mL(g)$，会引起产品的变质（在颜色、气味、香味、透明度等方面），导致产品不能使用。

化妆品微生物学检查亦称为化妆品卫生学检查，主要为了评价化妆品的卫生质量，确保产品的安全性。化妆品中微生物指标应符合表5-1中规定的限值。

表5-1　化妆品中微生物指标限值

微生物指标	限值	备注
细菌菌落总数/(CFU/g 或 CFU/mL)	≤500	眼部、口唇化妆品和儿童化妆品
	≤1000	其他化妆品
霉菌和酵母菌菌落总数/(CFU/g 或 CFU/mL)	≤100	
耐热大肠菌群/g(或 mL)	不得检出	

微生物指标	限值	备注
金黄色葡萄球菌/g(或 mL)	不得检出	
铜绿假单胞菌/g(或 mL)	不得检出	

一、化妆品微生物检验的意义

（一）控制化妆品的质量

通过化妆品的微生物检查，可了解化妆品是否受微生物污染及其污染程度，查明污染的来源，并采取适当的控制措施，确保化妆品的质量符合要求。

（二）保证化妆品的有效性和安全性

微生物污染化妆品，会破坏其成分，影响其功效，甚至带来安全隐患。国内外由于微生物污染化妆品进而引起疾病的事件时有报道，化妆品微生物检查是保证化妆品安全有效的重要措施之一。

（三）可作为衡量化妆品生产全过程卫生管理水平的依据之一

化妆品生产的每个环节都可能带来微生物污染，生产企业应严格按照《化妆品生产许可工作规范》（2015 版）要求加强管理，保证化妆品生产的环境卫生、物料卫生、工艺卫生、厂房卫生和人员卫生，严防污染。微生物检查结果可以反映生产企业的卫生管理水平，管理到位则微生物污染概率小，反之则大。对产品而言，生产管理比检验更为重要，一种合格的产品依靠科学、严格的管理，检验只是起督促、反馈和放行把关的作用。

二、化妆品微生物检验的特殊性

化妆品质量检查都是抽取一定量的样品进行检测，由此推断整批化妆品的质量。微生物检查对象是微生物，不同于一般的理化检查，有其自身的特点和难度，它具有以下四个方面的特殊性。

（一）活体性和不稳定性

化妆品微生物检查对象是具有生长繁殖能力的活细胞，其生长繁殖受到多方因素的影响。同一检品在不同的检查条件下，检查结果不一定相同；而同一检查条件下，污染的微生物不一定都能检测出来。同时，随着时间的推移污染的微生物既可能因生长环境不适而死亡，也可能因条件适宜而大量繁殖。因此，样品在正式检验前必须在适宜的环境下保藏，使其保持原污染状态，防止第二次污染和污染微生物的繁殖或死亡。虽然微生物具有不稳定性，但在稳定的保藏条件和保藏时间下，污染数量处于一种动态平衡，总体的污染水平仍可通过标准化的检验方法得以正确评价。

（二）分布的不均匀性

化妆品生产的各个环节都可能带来微生物污染，这种污染，数量可多可少，种类可有可无，在化妆品中的分布也不尽相同。来自于原辅料、生产介质（如水、空气）或生产前期的污染相对较均匀，而来自设备、操作者、包装材料或生产后期的主要是局部污染。因此，同一批产品的不同包装中可能出现有的被污染，有的不被污染，被污染的微生物数量和种类也可能存在差异。另外微生物分布具有簇团性，有的微生物本身就是多细胞相连，簇团的分散性差异很大，这也加强了分布的不均匀性。因此，微生物检查的样品必须具有代表性，其抽样方法、抽样量、检查用量和检查量均有一定的要求。

（三）多数处于受损伤状态

污染的微生物在化妆品生产过程中受到原料处理、加工、加热等过程影响，易造成机械损伤，具有抑菌活性的化妆品也会使污染菌处于受损抑制状态，这些受损但存活的微生物如果按一般的检测方法检查，易出现生长不好甚至不生长、漏检的现象，从而导致作出错误的结论。所以，在检查时应避免造成污染微生物的损伤，需提供适宜微生物生长繁殖，利于受损菌体复苏的培养条件，以提高检出率。

（四）生态环境的多样性及复杂性

化妆品种类繁多，理化性质各异，污染的微生物生态环境复杂多样。有的化妆品易受污染，有的则不利于微生物的生存而污染较少。化妆品的理化性质如酸碱性、水溶性、渗透压等也对微生物的生存和生长繁殖造成影响。针对不同的供试品，要采取相应的方法，正确制备供试液，尽可能消除化妆品自身的影响，真实反映化妆品微生物的污染状况，从而保证检验结果的正确性和可靠性。

三、化妆品微生物检验的要求

我国规定的化妆品微生物检验方法是《化妆品安全技术规范》（2015 年版）中的"第五章微生物检验方法"。为保证检查方法的科学性和规范性、检查结果的准确性和可重复性，对化妆品微生物检查的环境、检验人员、方法适用性、培养基的质量、试验用菌等都应有严格要求。

（一）化妆品微生物学实验室

微生物检查操作要在洁净度符合要求的单向流空气区域内（即无菌室）或隔离系统中进行。其全过程必须严格遵守无菌操作，防止微生物污染。单向流空气区、工作台面及环境应定期按 GB/T 16294、GB/T 16292、GB/T 16293 现行国家标准进行洁净度验证。隔离系统按相关的要求进行验证，其内部环境的洁净度须符合检查的要求。化妆品微生物检查在洁净度背景不低于 10 万级局部 100 万级的无菌室中进行。阳性对照试验不得与供试品检查共用无菌室，要设专门的阳性菌对照室。因此，化妆品微生物实验室应至少配置一般实验室、无菌室及阳性菌实验室三个独立的工作空间。

1. 一般实验室

可划分为试验物品准备区、样品接收及存放区、灭菌室、灭菌物品存放区、培养室、试验结果观察区、污染物处理区及文档处理区等不同功能区域。

2. 无菌室

（1）无菌室布局　无菌室面积一般在 $6\sim10m^2$，高度 $2.4\sim2.8m$，由无菌操作间和缓冲间组成（图 5-1），无菌室与一般实验室之间配传递窗，用于传送检验用物品。

① 无菌操作间。具有空气净化系统，配备洁净度符合要求的层流超净工作台（图 5-2）。

② 缓冲间。至少有一间洁净度级别与无菌操作间相同的缓冲间，配有拖鞋、无菌鞋、无菌衣裤、洗手液，设有洗手盆、手消毒喷淋设备和无菌风淋设施，不得放置培养箱和其他杂物。无菌衣物超过 24h 不用，应重新消毒灭菌。

（2）设施要求　无菌室的材料设施与生产洁净车间要求相同，照明设施应镶

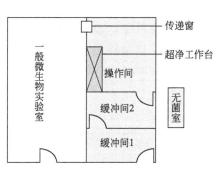

图 5-1　无菌室布局

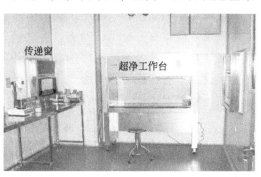

图 5-2　操作间

嵌在天花板内，采光面积要大，光线分布均匀，光照度不低于450Lx。操作间和缓冲间可安装紫外杀菌灯，电源开关应设在室外，安装调温装置，控制室内温度20~24℃，相对湿度45%~60%，无菌室与外界保持至少10Pa压差。

（3）日常使用与管理

① 使用前消毒。每次使用前开空调净化系统1h，开紫外灯至少30min。

② 物品进出无菌室程序。凡是进出无菌室的物品必须经传递窗传送，其程序是：消毒传递窗内壁→物品解除外包装，消毒外壁→置传递窗内→打开传递窗紫外灯照射至少30min→无菌室内取出物品→用后物品放回传递窗→室外取出物品→清洁消毒传递窗内壁。

操作间内的带菌物品置消毒缸内或用特定的方法包扎隔离好后再送出，进行灭菌处理后再清洗。

③ 人员进出无菌室程序。用清洁液洗净双手→进缓冲间→换消毒拖鞋→脱普通工作服→洗双手→消毒双手→戴无菌帽→穿无菌上衣→戴无菌口罩→穿无菌裤，上衣下摆扎进裤内→穿无菌鞋套，裤脚扎进鞋套→戴无菌手套，袖口扎进手套→风淋→进操作间→消毒超净工作台台面、四壁及实验用具→取出传递窗内物品放辅助台面或超净工作台→消毒双手→开始试验操作→试验操作完毕，物品放入传递窗→清洁、消毒超净工作台面及台面用具→从内到外清洁、消毒物流、人流通道→脱无菌衣物叠好放入灭菌袋，置待灭菌处，不得穿出→清洁双手→穿普通工作服、鞋→出缓冲间→开无菌室紫外灯30min。

（4）日常监管　保持温度、湿度、压差，定期检测空气洁净度，100级每次操作同时监测沉降菌，1万级每周监测沉降菌；定期消毒，室内要用无菌的清洁剂、消毒剂和抹布。

（5）无菌室内消毒液　常用消毒液有75%乙醇、0.1%新洁尔灭、2%~5%来苏尔、5~10倍稀释的碘伏水溶液、3%碘酒等，每月轮换。

3. 阳性菌接种室

应配备生物安全柜，用于试验用菌种的复活、确认、复壮，试验菌液的制备，培养基灵敏度检查及适用性检查，方法适用性试验，阳性对照试验及化妆品防腐效能试验。凡是涉及试验用菌的相关操作必须在独立的阳性菌接种室中进行，不得与供试品检查在同一操作台上。阳性菌接种室应保持相对负压。超净工作台与生物安全柜的对比如表5-2所示。

表5-2　超净工作台与生物安全柜的区别

名称	结构	气体压力	气体排放	保护对象	可配置灭菌器具	适用范围
超净工作台	简单	正压	直接排放	样品	酒精灯	一般产品检查
生物安全柜	复杂	负压	净化后排放	操作者、环境、样品	红外接种环灭菌器	阳性对照、霉菌实验、病原微生物检查

（二）微生物检查人员

1. 人员要求

化妆品微生物检查是执行国家法规，把守质量安全的最后一道关口，承担着严肃的法律责任，检查人员必须具备认真求实的工作态度，严谨细心的工作作风。具备微生物知识和操作技能，经过设备操作及微生物检验技术方面的岗前技术培训、考核合格后方可上岗。工作中也要不断接受培训，更新知识和技能。

2. 检验工作中的注意事项

① 进入无菌室不得化妆及佩戴饰物，不得吃、饮东西，不宜说话。

② 按物流、人流规范程序进出无菌室。

③ 检验操作过程严格规范无菌操作。既要保证检品不受环境微生物污染，也要防止检验用的微生物污染环境或检验人员（图5-3）。

图 5-3　无菌检查人员着装及操作示意图

④ 对试验结果，需及时规范记录，认真仔细分析，科学严谨处理，准确如实报告。

（三）微生物污染物品及污染事故的处理

① 操作过程带菌实验用品，应随时灭菌或随手放入消毒缸，可用 5% 来苏尔等消毒液浸泡 24h 后再清洗。

② 带菌培养物、废弃物和器皿，置灭菌桶内，灭菌后再处理或清洗。

③ 活菌意外污染必须就地处理，防止污染扩散。打破有培养物的器皿或活菌贱洒，若污染了台面、地面，可用 5% 来苏尔覆盖污染区 30min 后清理；若污染了操作者衣物应立即脱下，翻转包裹污染区隔离包好后经高压蒸汽灭菌再清洗；若污染体表，可用 75% 乙醇擦拭后，双手再在 5% 来苏尔中浸泡片刻用肥皂水清洁，其他部位皮肤用 5% 来苏尔反复擦拭片刻再擦洗。

（四）化妆品微生物检验试验用菌

1. 常用的试验用菌

《化妆品安全技术规范》（2015 年版）"第五章微生物检验方法"中未明确要求供试品检查前应进行培养基灵敏度检查及适用性检查、方法适用性试验和阳性对照试验，但是为了检查结果真实可靠，建议在对供试品进行耐热大肠菌群、金黄色葡萄球菌和铜绿假单胞菌的常规检查中，平行进行阴性对照试验和阳性对照试验。阳性对照试验用菌建议采用《中华人民共和国药典》（2015年版）药品微生物检查用的试验菌株：金黄色葡萄球菌CMCC（B）26003、铜绿假单胞菌CMCC（B）10104及大肠埃希菌CMCC（B）44102。这些菌种均来源于中国医学细菌菌种保藏中心（CMCC）的标准菌株，或使用与标准菌株所有相关特性等效的可以溯源的商业派生菌株。

2. 试验用菌的要求

① 规定试验用菌株要源自CMCC的指定标准菌株。

② 从菌种保藏中心购回的菌种需经验收、复活、菌种确认后方可使用或保藏。

③ 从菌种保藏中心获得的冷冻干燥的菌种计为0代，使用菌株传代次数不超过5代，以保证其具典型的生物学特性。传代越多微生物发生变异的概率越大，对其生物学特性影响也越大。

④ 采用适宜的方法保藏，定期转接，防止菌株发生变异。

⑤ 按照《中华人民共和国药典》（2020年版）规定的方法制备成试验菌液。

3. 试验菌液的制备

上述各种细菌分别接种至胰酪大豆胨肉汤培养基（TSB）或胰酪大豆胨琼脂培养基（TSA）中，30～35℃条件下培养18～24h，培养后用0.9%无菌氯化钠溶液或pH7.0氯化钠蛋白胨缓冲液制成每1mL含菌数＜100CFU的菌悬液（可用麦氏比浊法或平皿法计数）。

用工作菌株或商业派生菌株制备试验菌液。菌液制备后若在室温下放置，应在2h内用完；若保存在2～8℃，可在24h内使用。不能再用的各类菌株、菌液应121℃ 30min高压蒸汽灭菌后销毁处理。

四、化妆品样品预处理

1. 常用的仪器与设备

（1）天平　可以采用电子天平或托盘天平，0～200g范围，精确至0.1g。

（2）高压灭菌锅　要求见第三章"消毒与灭菌"。

（3）振荡器　用于振荡分散样品，也有混匀混合样品的作用。

（4）三角瓶　俗称锥形瓶，用于盛装样品、稀释剂或培养基，常使用的规格为250mL及150mL。

（5）玻璃珠　一般加入固体或半固体样品与稀释剂的混合液中，配合振荡器促进样品的分散溶解。

（6）玻璃棒　简称玻棒，搅拌溶解的工具。

（7）灭菌刻度吸管 也称为吸量管，主要用于吸取液体样品，用前应和其他玻璃器皿灭菌处理。常用规格为 10mL 和 1mL 两种。

（8）恒温水浴箱 主要用于溶解固体培养基，保持培养基和试液的温度。

（9）均质器或研钵 用于均匀分散固体或半固体样品，均质器的使用应配合灭菌均质袋。

（10）灭菌均质袋 用于盛装待检样品，配合均质器使样品均匀分散于稀释剂中。

2. 常用的培养基和试剂及其制备

（1）生理盐水

| 成分：氯化钠 | 8.5g |
| 蒸馏水 | 加至 1000mL |

制法：溶解后，分装到加玻璃珠的三角瓶内，每瓶 90mL，121℃ 高压灭菌 20min。

（2）SCDLP 液体培养基

成分：酪蛋白胨	17g
大豆蛋白胨	3g
氯化钠	5g
磷酸氢二钾	2.5g
葡萄糖	2.5g
卵磷脂	1g
吐温-80	7g
蒸馏水	1000mL

制法：先将卵磷脂在少量蒸馏水中加温溶解后，再与其他成分混合，加热溶解，调 pH 为 7.2～7.3，分装，每瓶 90mL，121℃ 高压灭菌 20min。注意振荡，使沉淀与底层的吐温 80 充分混合，冷却至 25℃ 左右使用。

注：如无酪蛋白胨和大豆蛋白胨，也可用多胨代替。

（3）灭菌液体石蜡

制法：取液体石蜡 50mL，121℃ 高压灭菌 20min。

（4）灭菌吐温 80

制法：取吐温 80 50mL，121℃ 高压灭菌 20min。

3. 化妆品样品的采集及注意事项

① 所采集的样品，应具有代表性，一般视每批化妆品数量大小，随机抽取相应数量的包装单位。检验时，应从不少于 2 个包装单位的取样中共取 10g 或 10mL。包装量小于 20g 的样品，采样时可适当增加样品包装数量。

② 供检样品，应严格保持原有的包装状态。容器不应有破裂，在检验前不得打开，防止样品被污染。

③ 接到样品后，应立即登记，编写检验序号，并按检验要求尽快检验。如不能及时检验，样品应置于室温阴凉干燥处，不要冷藏或冷冻。

④ 若只有一个样品而同时需做多种分析，如微生物、毒理、化学等，则宜先取出部分样品做微生物检验，再将剩余样品做其他分析。

⑤ 在检验过程中，从打开包装到全部检验操作结束，均须防止微生物的再污染和扩散，所用器皿及材料均应事先灭菌，全部操作应在符合生物安全要求的实验室中进行。

4. 化妆品供检样品的预处理

（1）**液体样品**　如果样品是水溶性的液体样品，宜用灭菌吸管吸取 10mL 样品加到 90mL 灭菌生理盐水中，混匀后，制成 1∶10 检液（供试液）。

如果样品为油性液体样品，则取样品 10g，先加 5mL 灭菌液体石蜡混匀，再加 10mL 灭菌的吐温 80，在 40～44℃水浴中振荡混合 10min，加入灭菌的生理盐水 75mL（在 40～44℃水浴中预温），在 40～44℃水浴中乳化，制成 1∶10 的悬液（供试液）。

（2）**膏、霜、乳剂半固体状样品**　如果样品为亲水性样品，则称取 10g，加到装有玻璃珠及 90mL 灭菌生理盐水的三角瓶中，充分振荡混匀，静置 15min。用其上清液作为 1∶10 的检液（供试液）。

如果样品为疏水性样品，则称取 10g，置于灭菌的研钵中，加 10mL 灭菌液体石蜡，研磨成黏稠状，再加入 10mL 灭菌吐温 80，研磨待溶解后，加 70mL 灭菌生理盐水，在 40～44℃水浴中充分混合，制成 1∶10 检液（供试液）。

（3）**固体样品**　称取 10g，加到 90mL 灭菌生理盐水中，充分振荡混匀，使其分散混悬，静置后，取上清液作为 1∶10 的检液。

若上述样品使用均质器均质时，则采用灭菌均质袋，将上述水溶性膏、霜、粉剂等，称 10g 样品加入 90mL 灭菌生理盐水，均质 1～2min；疏水性膏、霜及眉笔、口红等，称 10g 样品，加 10mL 灭菌液体石蜡、10mL 吐温 80 和 70mL 灭菌生理盐水，均质 3～5min。

第二节　化妆品常规微生物检验

所有化妆品均需进行微生物数量和部分致病菌的检查，从而判断化妆品是否受微生物污染及污染的程度，进一步评价其卫生质量。检查的内容、方法及标准严格遵循《化妆品安全技术规范》（2015 版）的要求。

一、细菌菌落总数检验

（一）细菌菌落总数检验的意义

化妆品检样经过处理，在一定条件下培养后（如培养基成分、培养温度、培养时间、pH 值、氧气含量等），1g（1mL）检样中所含细菌菌落的总数。所得结果只包括在本方法规定的条件下生长的嗜中温的需氧性和兼性厌氧菌落总数。

测定菌落总数便于判明样品被细菌污染的程度，是对样品进行卫生学总评价的综合依据。

（二）细菌菌落总数检验方法——平皿法

《化妆品安全技术规范》（2015 版）规定细菌菌落总数检查采用平皿法，具体操作如下。

1. 供试液的梯度稀释

用灭菌吸管吸取 1∶10 稀释的检液 2mL，分别注入到两个灭菌平皿内，每皿 1mL。另取 1mL 注入到 9mL 灭菌生理盐水试管中（注意勿使吸管接触液面），更换一支吸管，并充分混匀，制成 1∶100 检液。吸取 2mL，分别注入到两个灭菌平皿内，每皿 1mL。如样品含菌量高，还可再稀释成 1∶1000、1∶10000 等，每个稀释度应换 1 支吸管。

化妆品样品制成供试液后，应尽快稀释，注皿。一般稀释后应在 1h 内操作完毕。

2. 接种与培养

将熔化并冷却至 45～50℃的卵磷脂吐温 80 营养琼脂培养基倾注到平皿内，每皿约 15mL，随即转动平皿，使样品与培养基充分混合均匀，待琼脂凝固后，翻转平皿，置（36±1）℃培养箱内培养（48±2）h。另取一个不加样品的灭菌空平皿，加入约 15mL 卵磷脂吐温 80 营养琼脂培养基，待琼脂凝固后，翻转平皿，置（36±1）℃培养箱内培养（48±2）h，为空白对照。

化妆品的稀释液（特别是 1∶10 的供试液）常带有化妆品颗粒，有时与菌落很难区分，为了避免与细菌菌落发生混淆，可参考下述两种方法。一种方法是准备一个检样稀释液与琼脂混合的平板，不经培养放到 4℃环境中，计数检样菌落时用作对照。另一种方法是在琼脂培养基中加 0.5％氯化三苯四氮唑（TTC）溶液，培养后的细菌菌落呈红色。

接种时尽量使菌细胞分散开，使每个菌细胞生成一个菌落，否则将会导致重大的技术误差。

3. 菌落计数及结果计算

（1）菌落计数　先用肉眼观察，点数菌落数，然后再用5～10倍的放大镜检查，以防遗漏。记下各平皿的菌落数后，求出同一稀释度各平皿生长的平均菌落数。若平皿中有连成片状的菌落或花点样菌落蔓延生长时，该平皿不宜计数。若片状菌落不到平皿中的一半，而其余一半中菌落数分布又很均匀，则可将此半个平皿菌落计数后乘以2，以代表全皿菌落数。

（2）结果计算　选取平均菌落数在30～300之间的平皿，作为菌落总数测定的范围。

① 当只有一个稀释度的平均菌落数符合此范围时，即以该平皿菌落数乘其稀释倍数报告之（见表5-3中例1）。

② 若有两个稀释度，其平均菌落数均在30～300之间，则应求出两菌落总数之比值来决定。若其比值小于或等于2，应报告其平均数；若大于2，则以其中稀释度较低的平皿的菌落数报告之（见表5-3中例2及例3）。

③ 若所有稀释度的平均菌落数均大于300，则应按稀释度最高的平均菌落数乘以稀释倍数报告之（见表5-3中例4）。

④ 若所有稀释度的平均菌落数均小于30，则应按稀释度最低的平均菌落数乘以稀释倍数报告之（见表5-3例5）。

⑤ 若所有稀释度的平均菌落数均不在30～300之间，其中一个稀释度大于300，而相邻的另一稀释度小于30时，则以接近30或300的平均菌落数乘以稀释倍数报告之（见表5-3中例6）。

⑥ 若所有的稀释度均无菌生长，报告数为每克或每毫升小于10CFU。

菌落计数的报告，菌落数在10以内时，按实有数值报告之，大于100时，采用二位有效数字，在二位有效数字后面的数值，应以四舍五入法计算。为了缩短数字后面零的个数，可用10的指数来表示（见表5-3报告方式栏）。在报告菌落数为"不可计"时，应注明样品的稀释度。

表5-3　细菌计数结果及报告方式

例	不同稀释度平均菌落数			两稀释度菌数之比	菌落总数/(CFU/mL 或 CFU/g)	报告方式/(CFU/mL 或 CFU/g)
	10^{-1}	10^{-2}	10^{-3}			
1	1365	164	20	—	16400	16000 或 16×10^4
2	2760	295	46	16	38000	38000 或 38×10^4
3	2890	271	60	22	27100	27000 或 27×10^4
4	不可计	4650	513	—	513000	510000 或 51×10^5
5	27	11	5	—	270	270 或 27×10^2
6	不可计	305	12	—	30500	31000 或 31×10^4
7	0	0	0	—	$<1 \times 10$	<10

注：CFU为菌落形成单位。按质量取样的样品以CFU/g为单位报告，按体积取样的样品以CFU/mL为单位报告。

（3）菌落计数及报告注意事项 ① 如果稀释度大的平板上菌落数反比稀释度小的平板上菌落数高，有两种可能性：一是检验工作中发生差错，二是受防腐剂影响。这二种情况均不可用作检样计数报告的依据。应找出原因，排除干扰因素，重新检验。

② 如果平板上出现链状菌落，菌落之间没有明显的界限，这是在琼脂与检样混合时，一个细胞块被分散所造成。一条链作为一个菌落计，如有来源不同的几条链，每条链应作为一个菌落计，不要把链上生长的各个菌落分开来数。此外，如皿内琼脂凝固后未及时进行培养而遭受昆虫侵入，在昆虫爬过的地方也会出现链状菌落，也不应分开来数。

③ 如果所有平板上都菌落密布，不要用多不可计报告，而应在稀释度最大的平板上，任意数其中两个平方厘米中的菌落数，除以 2 求出 $1cm^2$ 内平均菌落数，乘以皿底面积 $63.6cm^2$，再乘以其稀释倍数，以此结果作报告。例如，$10^{-3}\sim10^{-1}$ 稀释度的所有平板上均菌落密布，而在 10^{-3} 稀释度的平板上任意数两个平方厘米内的菌落数是 60 个，皿底直径为 9cm，则该检样每克（或 mL）中"估计"菌落数为：

$$60\div2\times63.6\times1000=1.9\times10^6$$

63.6 是按皿底直径为 9cm 时计算而得的面积，如所用平皿底直径不是 9cm，应另求面积。

④ 鉴于检样中的细菌是以单个、成双、链状或成堆的形式存在，因而在平板上出现的菌落可以来源于细胞块，也可来源于单个细胞，故平板上所得需氧和兼性厌氧的菌落数应以单位质量（g）或容量（mL）的菌落形成单位（CFU）报告更恰当。

（三）细菌菌落总数其他测定法

1. 改良的细菌总数测定法——TTC 法

化妆品一般由多种物质混合而成，在进行细菌测定前虽然经过处理，但有时还会存在极难溶解的颗粒，特别是粉类化妆品和某些膏霜类化妆品。化妆品在前处理时有气泡产生，颗粒和气泡容易与细菌菌落相混，影响计数的准确性。而无色的氯化三苯四氮唑（TTC）作为受氢体加入培养基中，如果有细菌存在，培养后在细菌脱氢酶的作用下，TTC 便接受氢而成为红色的三苯基甲䐶，使菌落呈现红色，从而可以区分细菌菌落和化妆品颗粒及气泡。

操作时，在已熔化的卵磷脂吐温 80 营养琼脂中，按 100mL 培养基加入 1mL0.5%的氯化三苯四氮唑溶液的量加入，操作方法同平皿法。培养后如系化妆品的颗粒，不见变化，如为细菌，则生成红色菌落。配好的含 TTC 培养基，应先用未加 TTC 的对照，以观察其计数是否有不利影响（TTC 在一定浓度下对革兰氏阳性菌有抑制作用）。

TTC 溶液要放冷暗处保存，以防受热与受光而发生分解。TTC 溶液在使用前应在水浴中煮沸半小时。

2. 平板表面涂布法

将培养基制成平板，经干燥后，于其上滴加检样稀释液 0.2mL，用 "L" 形无菌玻璃棒涂布于整个平板的表面，放置片刻（约 10min）将平板翻转，放入 37℃ 温箱内培养 48h。取出进行菌落计数，然后乘以 5，即为 1mL 稀释样中的菌落数，再乘以稀释倍数，即得每克（或每毫升）检样所含菌落数。

此法的优点为菌落生长在表面，便于识别和检查其形态，与检样中的颗粒易区别；细菌不必遭受熔化琼脂的热力，不致因此而使细菌细胞受到损伤而不生长。

此法缺点为取样量较倾注法少，代表性将受到一定的影响；采用 "L" 形无菌玻璃棒涂布时会使菌落数受影响。

二、霉菌和酵母菌总数检验

（一）霉菌和酵母菌总数检验的概念与意义

霉菌和酵母菌统称为真菌，在自然界中分布甚广，化妆品的酸碱度、湿度和营养以及存放温度尤其适合其生长繁殖。目前国内外的资料表明，化妆品中真菌污染时有发生。睫毛油里检出茄病镰刀菌，密封的眼用化妆品染菌率为 1.5%，在使用过程中急剧增至 60%，所染真菌中以曲霉菌和念珠菌居首。

这些污染的真菌容易引起化妆品霉败变质，进一步影响消费者健康，使消费者产生相应的真菌性疾病。如白色念珠菌（白色假丝酵母）可侵犯皮肤、黏膜或指甲，也可侵犯内脏或血行播散引起鹅口疮、唇炎、甲沟炎、泛发性皮肤念珠病、念珠性肉芽肿、支气管及肺念珠病、心内膜炎及脑炎和血行播散性念珠菌病等。少数青霉菌会引起呼吸道及肺部感染，使皮肤暴露部位出现湿疹样改变，还可致敏引起鼻炎及哮喘。曲霉菌可侵犯皮肤、指甲、外耳道、鼻窦、眼、气管、肺、心膜、子宫、脑膜等器官形成炎性肉芽肿。眼部化妆品中如果污染有曲霉菌、镰刀菌、白色念珠菌等真菌容易引起角膜溃疡。化妆品中的真菌若产生了真菌毒素，消费者使用后容易导致皮肤光过敏性皮炎、湿疹及皮肤变态，严重者导致机体中毒。

化妆品霉菌和酵母菌菌落总数检查是指化妆品检样在一定条件下培养后，测定 1g 或 1mL 化妆品中所污染的活的霉菌和酵母菌数量，借以判明化妆品被霉菌和酵母菌污染程度及其一般卫生状况。该方法根据霉菌和酵母菌特有的形态和培养特性，在虎红培养基上，置（28±2）℃ 培养 5d，计算所生长的霉菌和酵母菌数。

（二）霉菌和酵母菌总数检验方法——平皿法

1. 供试液的梯度稀释

同细菌菌落总数测定。

2. 接种与培养

取 10^{-1}、10^{-2}、10^{-3} 的检液各 1mL 分别注入灭菌平皿内，每个稀释度各用 2 个平皿，注入熔化并冷至（45 ± 1）℃的虎红培养基，充分摇匀。另取一个不加样品的灭菌空平皿，加入约 15mL 虎红培养基，为空白对照。以上培养基凝固成平板后，翻转平板，置（28 ± 2）℃培养 5d，观察并记录。

3. 菌落计数和结果计算

先点数每个平板上生长的霉菌和酵母菌菌落数，求出每个稀释度的平均菌落数。判定结果时，应选取菌落数在 5~50CFU 范围之内的平皿计数，乘以稀释倍数后，即为每克（或每毫升）检样中所含的霉菌和酵母菌数。其他范围内的菌落数报告应参照细菌菌落总数的报告方法报告之。

霉菌在虎红琼脂平板上的菌落特征是具有放射状或树枝状的菌丝。初形成时多无色透明，有明显的折光性，在较暗背景下，以透射光观察易于识别。少数生长在琼脂表面的菌落，起初时似如一小块水迹，需借助暗反射光才能看清。形成孢子的菌落多数有各种颜色，是鉴定的特征之一。

酵母菌在虎红琼脂平板上的菌落多数为圆形凸起，边缘整齐，表面光滑湿润，呈不透明乳脂状，乳白色或粉红色，少数表面粗糙或皱褶。有的菌落周边呈细分枝状，位于琼脂内的菌落可呈铁饼形、三角形及多角形。菌落外观与细菌菌落不易区别时，应挑取菌落制作水浸片，置于高倍显微镜下观察，其细胞个体比细菌大得多。一般细菌为 $1\mu m$，酵母菌为 $2.6\sim7\mu m$。此外有的酵母菌细胞一端带有芽生孢子，是酵母菌的特征性形态。在酵母浸出粉陈葡萄糖（YPD）琼脂平板上的酵母菌落与虎红琼脂平板上的形态相似，但稍大，多数为乳白色。

三、耐热大肠菌群检验

（一）耐热大肠菌群检验的定义与意义

耐热大肠菌群系一群需氧及兼性厌氧革兰氏阴性无芽孢杆菌，在 44.5℃培养 24~48h 能发酵乳糖产酸并产气，能在选择性培养基上产生典型菌落，能分解色氨酸产生靛基质。

该菌主要来自人和温血动物粪便，有时亦称为粪大肠菌群。化妆品中检出耐热大肠菌群表明该化妆品已被粪便污染，有可能存在其他肠道致病菌或寄生虫等病原体的危险。因此耐热大肠菌群被列为重要的卫生指标菌，可作为粪便污染指标来评价化妆品的卫生质量，以推断化妆品中是否有污染肠道致病菌或寄生虫的可能。

（二）耐热大肠菌群检验流程

1. 乳糖发酵试验

取 10^{-1} 供试液 10mL，加到 10mL 双倍乳糖胆盐（含中和剂）培养基中，置 (44 ± 0.5)℃培养箱中培养 24h，如既不产酸也不产气，继续培养至 48h，如仍既不产酸也不产气，则报告为耐热大肠菌群阴性。

不同的细菌能产生不同的糖类分解酶，由此分解不同糖类物质，产生不同的产物。由此可以鉴别细菌。

乳糖胆盐培养基是具有选择性作用的培养基。其中胆盐具有抑制革兰氏阳性菌的作用。

乳糖能被大肠菌群分解成酸，使培养基的 pH 降低（指示剂变色）。这一现象可作为观察结果的指标。菌群中的大肠埃希菌在酸性环境中，甲酸脱氢酶的作用，可使甲酸分解成 CO_2 和 H_2，在培养基中产生大量气体而进入倒管中，以观察产气。在乳糖发酵试验中，若发现在发酵倒管内有极微量的气泡或倒管内虽无气泡，但液面及管壁可看到缓缓上浮的小气泡的情况时，均应作进一步观察与鉴别。

2. 分离培养

如产酸产气，将上述培养物划线接种到伊红-亚甲蓝琼脂（EMB）平板上，置 (36 ± 1)℃培养 18～24h。同时取该培养液 1～2 滴接种到蛋白胨水培养基中，置 (44 ± 0.5)℃培养 (24 ± 2)h。

经培养后，在上述平板上观察有无典型菌落生长。耐热大肠菌群能发酵伊红-亚甲蓝培养基中的乳糖产酸，使伊红与亚甲蓝结合成黑色化合物，故而在伊红-亚甲蓝琼脂培养基上的典型菌落呈深紫黑色，圆形，边缘整齐，表面光滑湿润，常具有金属光泽。也有的呈紫黑色，不带或略带金属光泽，或粉紫色，中心较深的菌落，亦常为耐热大肠菌群，应注意挑选。不发酵乳糖的细菌（如沙门菌、志贺菌）则为无色菌落。

3. 革兰氏染色及靛基质试验

挑取上述可疑菌落，涂片做革兰氏染色镜检。

同时，在蛋白胨水培养基中，加入靛基质试剂约 0.5mL，观察靛基质反应。液面呈玫瑰红色为阳性反应现象，反应液面呈试剂本色为阴性反应现象。

4. 检验结果报告

若乳糖发酵产酸产气，EMB 平板上有典型菌落，并经证实为革兰氏阴性短杆菌，靛基质试验阳性，则报告被检样品中检出耐热大肠菌群。

四、铜绿假单胞菌检验

（一）铜绿假单胞菌检查的定义与意义

铜绿假单胞菌俗称绿脓杆菌，在自然界分布甚广，空气、水、土壤中均有存在。对人有致病性，常引起人皮肤化脓感染，特别是烧伤、烫伤、眼部疾病患者被感染后，常使病情恶化，并可引起败血症。因此，化妆品中不得含有铜绿假单胞菌。

铜绿假单胞菌属于假单胞菌属，为革兰氏阴性杆菌，氧化酶阳性，能产生绿脓菌素。此外还能液化明胶，还原硝酸盐为亚硝酸盐，在（42±1）℃条件下能生长。铜绿假单胞菌检查方法的建立主要依据上述该菌的生物学特征。

（二）铜绿假单胞菌检验流程

1. 增菌培养

取 10^{-1} 供试液 10mL 加到 90mL SCDLP 液体培养基中，置（36±1）℃培养 18～24h。如有铜绿假单胞菌生长，培养液表面多有一层薄菌膜，培养液常呈黄绿色或蓝绿色。

化妆品在生产过程中可能因生产工艺会导致其污染菌处于受损或休眠状态，因此，需要使用非选择性液体培养基使微生物恢复活性，并使之生长繁殖，为后续的选择性分离和培养创造条件。

2. 分离培养

从 SCDLP 培养基的菌膜处挑取培养物，划线接种在十六烷三甲基溴化铵琼脂平板（CA）上，置（36±1）℃培养 18～24h。

铜绿假单胞菌在此培养基上的菌落扁平无定型，向周边扩散或略有蔓延，表面湿润，菌落呈灰白色，菌落周围培养基常扩散有水溶性色素。

该培养基选择性很强，大肠埃希菌不能在此生长，革兰氏阳性菌生长较差。有时也可选用明胶十六烷三甲基溴化铵琼脂平板（GCA），培养基里含有明胶，可以培养后直接观察是否有明胶液化现象（菌落周围有液化环），从而提前判断。

在缺乏十六烷三甲基溴化铵琼脂时也可用乙酰胺培养基进行分离，将菌液划线接种于平板上，置（36±1）℃培养（24±2）h。铜绿假单胞菌在此培养基上生长良好，菌落扁平，边缘不整，菌落周围培养基呈红色。该培养基主要成分为乙酰胺，铜绿假单胞菌因能分泌乙酰胺酶而能分解乙酰胺，在此培养基上能生长，而其他菌不生长。

此外，也可以用 NAC 琼脂培养基代替上述培养基。在 NAC 培养基中，铜绿假单胞菌生长良好，能产生含有黄绿色荧光物质的菌落。有些荧光假单胞菌、恶臭假单胞菌和腐败假单胞菌可缓慢生长或不长，而大肠埃希菌、志贺氏菌、沙门菌、变形杆菌、克雷伯氏菌和肠道杆菌科的其他菌属、产碱杆菌属、气单胞菌属、弧菌属以及葡萄球菌和链球菌属等完全受到抑制不能生长。因此 NAC 培养基是一种选择性很强的铜绿假单胞菌培养基。目前，日本采用 NAC 培养基分离化妆品中铜绿假单胞菌。

3. 染色镜检

挑取 CA 平板上的可疑菌落，涂片后进行革兰氏染色，镜检结果为革兰氏阴性者应进行氧化酶试验和绿脓菌素试验。

4. 氧化酶试验和绿脓菌素试验

（1）氧化酶试验　取一小块洁净的白色滤纸片置于无菌平皿内，用无菌玻璃棒挑取上述平板上可疑菌落涂在滤纸片上，然后在其上滴加一滴新配制的1％二甲基对苯二胺试液。在 15～30s 之内，出现粉红色或紫红色时，为氧化酶试验阳性；若培养物不变色，为氧化酶试验阴性。

（2）绿脓菌素试验　取上述平板上氧化酶试验阳性菌落 2～3 个，分别接种在绿脓菌素测定培养基上，置（36±1）℃培养（24±2）h，加入氯仿 3～5mL，充分振荡使培养物中的绿脓菌素溶解于氯仿液内。待氯仿提取液呈蓝绿色时，用吸管将氯仿移到另一试管中并加入 1mol/L 的盐酸 1mL 左右，振荡后，静置片刻。如上层盐酸液内出现粉红色到紫红色时为阳性，表示该菌能产生绿脓色素和脓红色素，判定供试品检出铜绿假单胞菌。若绿脓菌素试验为阴性，则应做以下试验。

5. 纯培养

取上述平板上氧化酶试验阳性菌落 2～3 个，分别接种于营养琼脂斜面培养基上，（36±1）℃培养 18～24h。

6. 其他生化鉴定试验

（1）硝酸盐还原产气试验　挑取上述纯培养物，接种在硝酸盐胨水培养基中，置（36±1）℃培养（24±2）h，观察结果。凡在硝酸盐胨水培养基内的小倒管中有气体者，即为阳性，表明该菌能产生硝酸还原酶，能还原硝酸盐，并进一步将亚硝酸盐分解产生氮气。

（2）明胶液化试验　取上述纯培养物，穿刺接种在明胶培养基内，置（36±1）℃培养（24±2）h 后，取出放置于（4±2）℃冰箱 10～30min，如仍呈溶解状或表面溶解时即为明胶液化试验阳性。表明该菌能产生明胶酶，水解明胶肽链为氨基酸，从而失去明胶凝固性。如凝固不溶者为阴性。

（3）42℃生长试验　取上述纯培养物，接种在普通琼脂斜面培养基上，置于（42±1）℃培养箱中，培养24~48h，铜绿假单胞菌能生长，为阳性，而近似的荧光假单胞菌则不能生长。

7. 检验结果报告

被检样品经增菌分离培养后，经证实为革兰氏阴性杆菌，氧化酶及绿脓菌素试验皆为阳性者，即可报告被检样品中检出铜绿假单胞菌；如绿脓菌素试验阴性而液化明胶、硝酸盐还原产气和42℃生长试验三者皆为阳性时，仍可报告被检样品中检出铜绿假单胞菌。

（三）铜绿假单胞菌和其他常见假单胞菌及革兰氏阴性杆菌的鉴别

铜绿假单胞菌和其他假单胞菌及革兰氏阴性杆菌的鉴别见表5-4。

表5-4　铜绿假单胞菌和其他假单胞菌及革兰氏阴性杆菌的鉴别

菌种	鉴别项目							
	分离CA	绿脓菌素	鞭毛	氧化酶	乙酰胺酶	硝酸盐还原产气	明胶液化	42℃生长
铜绿假单胞菌	+	（+）	单	+	+	+	+	+
荧光假单胞菌	-	-	多	+	-	-	+	-
恶臭假单胞菌	-	-	多	+	-	-	-	-
洋葱假单胞菌	（+）	-	多	+	+	-	+	（+）
类鼻疽假单胞菌	-	-	多	+	-	-	+	+
嗜麦芽假单胞菌	-	-	多	-	-	-	+	+
腐败假单胞菌	-	-	单	+	-	-	+	（-）
斯氏假单胞菌	-	-	单	+	-	+	+	+
产碱假单胞菌	-	-	单	+	-	-	-	+
类矿产碱假单胞菌	-	-	单	+	-	-	+	+
氧化木糖无色杆菌	+	-	周	+	+	+	+	+
产碱杆菌属	（-）	-	周	+	（-）	（-）	-	+
粪产碱杆菌	+	-	周	+	+	+	-	+

注：周表示周毛菌，（）内表示大多数。

五、金黄色葡萄球菌检验

（一）金黄色葡萄球菌检验的定义与意义

金黄色葡萄球菌在外界分布较广，抵抗力也较强，能引起人体局部化脓性病灶，严重时可导致败血症和脓毒血症，是人类化脓性感染中的重要病原菌，因此化妆品中检验金黄色葡萄球菌有重要意义。

金黄色葡萄球菌为革兰氏阳性球菌，呈葡萄状排列，无芽孢，无荚膜，能分解甘露醇，能产生血浆凝固酶。该菌检查方法主要依据上述生物学特征建立。

（二）金黄色葡萄球菌检验流程

1. 增菌培养

取 10^{-1} 供试液 10mL 接种到 90mL SCDLP 液体培养基中，置（36 ± 1）℃培养箱，培养（24 ± 2）h。

如无此培养基也可用 7.5% 氯化钠肉汤，但最好在 1000mL 此培养基中加 1g 卵磷脂和 7g 吐温 80 作为化妆品中防腐剂的中和剂。

用 SCDLP 增菌液增菌，其成分中含有中和剂，抑菌效果较差，杂菌生长较多。在增菌培养基中加适量的亚碲酸钾（钠），当金黄色葡萄球菌生长时可将其还原，变为黑色，使培养液 pH 升高；亚碲酸钾（钠）可与蛋白胨中含硫氨基酸结合，形成的亚碲酸与硫的复合物，有抗细菌硫源代谢作用，因而可抑制其他细菌生长繁殖。

2. 分离培养

自上述增菌培养液中，取 1～2 接种环，划线接种在 Baird Parker 平板培养基，如无此培养基也可划线接种到血琼脂平板，置（36 ± 1）℃培养 48h。在 Baird Parker 平板培养基上菌落为圆形，光滑，凸起，湿润，颜色呈灰色到黑色，边缘为淡色，周围为一混浊带，在其外层有一透明带。用接种针接触菌落似有奶油树胶的软度。偶然会遇到非脂肪溶解的类似菌落，但无混浊带及透明带。在血琼脂平板上菌落呈金黄色，圆形，不透明，表面光滑，周围有溶血圈。

铜绿假单胞菌能还原亚碲酸钾，生成黑色产物。该菌生长过程能产生脂肪酶和卵磷脂酶，前者能分解卵黄中的脂肪类，生成沉淀，后者能迅速分解卵黄中的卵磷脂生成甘油酯和水溶性磷酸胆碱。铜绿假单胞菌还能破坏红细胞，使其褪色。

分离金黄色葡萄球菌的培养基有 Vogel-Johnson 琼脂培养基、Baird Parker 琼脂培养基、血琼脂培养基、卵黄高盐琼脂培养基、TMP 琼脂培养基等。CTFA、FDA 和日本的方法均用 Vogel-Johnson 琼脂培养基。我国采用 Baird Parker 琼脂培养基和血琼脂培养基。Vogel-Johnson 琼脂培养基和 Baird Parker 琼脂培养基的基本成分类似。现将各分离鉴别培养基的主要成分、作用机制和注意事项介绍如下。

① Baird Parker 琼脂培养基和 Vogel-Johnson 琼脂培养基中的氯化锂可抑制革兰氏阴性菌生长，丙酮酸钠可刺激金黄色葡萄球菌生长，以提高检出率。

② 血琼脂培养基不仅适应金黄色葡萄球菌的生长，菌落较大，颜色鲜明，而且有鉴别溶血反应的作用，可作为血凝固酶试验的补充，增加致病菌株的检出

机会。

③ 卵黄高盐琼脂培养基中氯化钠用量较大，渗透压高，有抑制某些细菌的生长作用。卵黄中的卵磷脂，有促进金黄色葡萄球菌的生长发育和鉴别的作用。该菌的卵磷脂酶可分解卵磷脂，因而生长的典型菌落，表面周围有月晕状油膜，底部有乳浊圈，易于鉴别。该培养基抑菌作用较小，杂菌生长较多。

④ TMP 琼脂中加有适量亚碲酸钾、多量氯化钠和甘露醇以及酚红指示剂，抑制杂菌的作用较强，应适当加大接种量，取 3～5 环增菌液划线。金黄色葡萄球菌可还原亚碲酸钾使之变黑，并可发酵甘露醇产酸，使指示剂变黄，以致菌落呈墨黑色，周围有黄色环，容易鉴别。亚碲酸钾的用量应注意准确，因其抑菌力较强，对金黄色葡萄球菌的生长也有一定影响，因而菌落较小。表 5-5 为金黄色葡萄球菌在四种分离培养基中的菌落特征。

表 5-5　金黄色葡萄球菌在四种分离培养基中的菌落特征

培养基	菌落特征
Baird Parker 琼脂培养基	圆形隆起,光滑,直径为 2～3mm,呈灰色到黑色,边缘色淡,周围为一混浊带,外层有一透明带
血琼脂培养基	金黄色,圆形隆起,边缘整齐,外周有透明的深血环,直径为 1～2mm
卵黄高盐琼脂培养基	金黄色,圆形隆起,边缘整齐,直径为 1～2mm,外周有卵磷脂被分解的乳浊圈
TMP 琼脂培养基	金黄色,圆形隆起,边缘整齐,直径 0.7～1mm,周围有黄色环

3. 纯培养

挑取上述分离平板上的可疑菌落，接种于血琼脂培养基平板上，置（36±1）℃培养（24±2）h。同时挑取上述分离平板上可疑菌落划线接种至营养肉汤培养基中，置（36±1）℃培养（24±2）h。

4. 染色镜检

挑取上述血琼脂平板上的纯培养物，涂片，进行革兰氏染色，镜检。金黄色葡萄球菌为革兰氏阳性菌，排列成葡萄状，无芽孢，无荚膜，致病性葡萄球菌，菌体较小，直径为 0.5～1 μm。

5. 甘露醇发酵试验

取上述纯培养物接种到甘露醇发酵培养基中，在培养基液面上加入高度为 2～3mm 的灭菌液体石蜡，置（36±1）℃培养（24±2）h，金黄色葡萄球菌应能发酵甘露醇产酸。

多数葡萄球菌菌株分解葡萄糖、麦芽糖、蔗糖，产酸不产气，致病性葡萄球菌在厌氧条件下分解甘露醇，产酸，非致病性葡萄球菌无此作用。

6. 血浆凝固酶试验

（1）玻片法　取清洁干燥无菌载玻片，一端滴加一滴灭菌生理盐水，另一端滴加一滴血浆，用接种环挑取上述纯培养物，分别在生理盐水及血浆中充分研磨混合。血浆与菌苔混悬液在 5min 内出现团块或颗粒状凝块时，而盐水滴仍呈均匀混浊无凝固现象者为阳性，如两者均无凝固现象则为阴性。凡玻片试验呈阴性反应或盐水滴与血浆滴均有凝固现象，再进行试管凝固酶试验。

玻片法是检测结合血浆凝固酶（作用于纤维蛋白原）。此法快速、简便，大多数中间型葡萄球菌和猪葡萄球菌呈阴性反应。金黄色葡萄球菌中有 10％～15％可呈阴性反应。

（2）试管法　吸取 1∶4 新鲜血浆 0.5mL，置于灭菌小试管中，加入待检菌（24±2）h 营养肉汤培养物 0.5mL。混匀，置（36±1）℃恒温箱或恒温水浴中，每半小时观察一次，6h 之内如呈现凝块即为阳性。同时以已知血浆凝固酶阳性和阴性菌株肉汤培养物及肉汤培养基各 0.5mL，分别加入无菌 1∶4 血浆 0.5mL，混匀，作为对照。

试管法是检测葡萄球菌的胞外游离血浆凝固酶（作用于凝固酶原）。

7. 检验结果报告

凡在上述选择平板上有可疑菌落生长，经染色镜检，证明为革兰氏阳性葡萄球菌，并能发酵甘露醇产酸，血浆凝固酶试验阳性者，可报告被检样品检出金黄色葡萄球菌。

第六章
化妆品的防腐效能试验

第一节　化妆品中的防腐剂

　　化妆品变质的主要原因是微生物的污染，生产过程带来一次污染，使用过程中带来二次污染，加上如今化妆品的原料来源越来越趋向于天然且具营养，其添加的蛋白质、可溶性胶原、芦荟和其他一些植物提取物，这些都为微生物的生长、繁殖提供了良好的条件。因此，微生物是化妆品卫生质量的重要指标，为防止微生物污染，在化妆品中加入防腐剂成为控制化妆品卫生质量的关键要素之一。

　　化妆品受到微生物污染引起的变质，从外观就能反映出来。如产品污染霉菌容易在包装边缘等地出现霉点，液体溶液易出现混浊、沉淀、变色、发泡等，乳化产品会出现破乳、成块等，理化检测出现 pH 值改变、气味异常等。使用微生物污染的化妆品可能危害消费者健康，轻者导致皮肤发炎、溃烂，重者可能产生全身性疾病，甚至危及生命。因此，一个良好的防腐体系，对于化妆品产品来说是必不可少的，在配方设计中扮演越来越重要的角色。能长久保持产品安全性、稳定性的防腐剂是一个成功化妆品不可缺少的组分，构建安全高效的防腐体系是化妆品研发成功的关键。

一、防腐剂的概述

1. 定义与要求

防腐剂是以抑制微生物在化妆品中的生长繁殖为目的而在化妆品中加入的化学物质。其目的：一为保护产品，使之免受微生物污染，延长产品的货架寿命，防止使用过程中的二次污染；二为确保产品的安全性，减少或防止消费者因使用受到微生物污染的产品而引起可能的感染。

许多化学物质都具有抗菌效果，但应用于化妆品的种类并不多，理想的防腐剂应该具备以下条件：

(1) 安全性高 对人体无毒害、无刺激，不会产生过敏、光毒性和变异性等。

(2) 抑菌谱广 对自然界中多种微生物都能有较好的抑制甚至杀灭作用。

(3) MIC 低 即最小抑菌浓度，在较低浓度下，能保持显著的活性。

(4) 溶解性好 分散性优良，不影响产品的基本性能、色泽和气味。

(5) 有良好的配伍性 有合适的油水配比，不会因 pH 或其他成分的影响而降低效果。

(6) 性价比高 使用方便，价格合理。

(7) 稳定性好 在生产、贮存、流通、使用过程中应保持稳定。

目前，我国《化妆品安全技术规范》（2015 年版）规定的准用防腐剂只有 51 种（某些具有抗微生物作用的醇类和精油未列入规范），同时规定了这些防腐剂在化妆品中的最大允许浓度、使用范围和限制条件。

2. 防腐剂的作用

(1) 抑菌作用 防腐剂的功效是抑制微生物滋生，有效地增加产品的保质期，保证产品在保质期和应用期内微生物数量不超标。

(2) 保证产品安全 防止消费者因使用受微生物污染的产品而引起可能的感染。多数含有纯天然的有机化学物质如碳水化合物、蛋白质、糖原、维生素、植物胶等，无一不是病菌、微生物滋生的养分。微生物生长过程中会分解各种大分子化合物，分泌各种代谢物和毒素，降低 pH 值，影响产品外观，损坏产品质量，等。因此，添加防腐剂可以保证产品的质量、提升产品品质。

二、不同类型化妆品对防腐剂安全性能的要求

不同类型化妆品对防腐剂安全性能的要求如表 6-1 所示。

表 6-1 不同类型化妆品对防腐体系的要求

化妆品类型	产品示例	产品特点	安全性能要求
淋洗类	洗面奶、沐浴露等	与皮肤接触时间短,大多含有大量表面活性剂,营养成分少,成本较低	对刺激性无明显要求,一般广谱抗菌防腐剂即可,成本低
驻留类	面霜、精华等	在皮肤上的停留时间长	长时间停留皮肤时应安全无刺激
眼部护理	眼霜、眼膜、眼部精华等	眼部皮肤较为脆弱,对刺激敏感,对甲醛、酚类等挥发物质敏感,容易受到伤害	避免使用挥发刺激性防腐剂。对眼睛轻刺激性,对皮肤无刺激性能或轻刺激性
面膜	无纺布面膜、泥膜等	面膜的停留时间一般为 10～30min,与面部接触面积大,使用量较大,部分产品中含有大量粉剂	对皮肤轻刺激性
儿童产品	膏、霜、乳液等	儿童皮肤薄嫩,脂质分泌较少,对外界刺激敏感	对皮肤无刺激性,用量少

三、常用防腐剂的种类及其作用机制

1. 对羟基苯甲酸酯

这类防腐剂的商品名称为尼泊金酯,主要破坏微生物的细胞膜,使细胞内的蛋白质变性,并抑制细胞呼吸酶和传递酶系统的活性,阻断用于 ATP 合成的细胞膜通透性来抑制微生物的生长。

尼泊金酯抗菌活性广泛,对霉菌和酵母菌的抗菌作用较强,对细菌的作用主要体现于对革兰氏阳性菌的活性,毒性相对较低。

常用的尼泊金酯有尼泊金甲酯(MP)、尼泊金乙酯(EP)、尼泊金丙酯(PP)、尼泊金丁酯(BP)、尼泊金异丙酯和尼泊金异丁酯等。尼泊金甲酯水溶性最好,可以直接添加在水相;而尼泊金乙酯、尼泊金丙酯和尼泊金丁酯则倾向于溶解在油相中。这类防腐剂复合使用时有良好的增效性和协同性,增加抑菌能力,同时又降低使用含量,减少对皮肤刺激,所以产品配方中常看到多种尼泊金酯复配使用。

尼泊金甲酯是适用于酸性体系的防腐剂,当 pH 5 时,本身具有 77％的最高抑菌活性,pH 7 时为 63％,当 pH 8.5 时接近 50％。所以,体系中尼泊金酯的活性可以主要通过降低体系的 pH 值得到改善,通常是 7.0～6.5 或更低。

尼泊金酯类防腐剂是使用最广泛的防腐剂,刺激性不高,但也有导致过敏的风险。尼泊金酯类防腐剂能被皮肤吸收，2004年有英国学者在文章中指出在女性乳癌切片中发现到尼泊金酯类的成分，所以目前国际上对尼泊金酯类的防腐剂的使用安全性有一定争议。一般，随着烷基碳链长度的增加，抗菌效果越好，如羟苯丁酯要优于羟苯甲酯、羟苯乙酯和羟苯丙酯。但欧盟消费者安全科学委员会的评估报告显示，其分子链越长，其类雌激素作用也越强（而雌激素与乳腺癌密切相关）。我国《化妆品安全技术规范》（2015版）规定其最大添加浓度是单一酯0.4%（以酸计），混合酯总量0.8%（以酸计），且其丙酯及其盐类、丁酯及其盐类之和不得超过0.14%（以酸计），并把羟苯异丙酯、羟苯异丁酯、羟苯苯酯、羟苯苄酯和羟苯戊酯及其盐类列为化妆品禁用成分。

2. 甲基异噻唑啉酮（MIT）及其衍生物

这类化合物具有较广谱的抗菌活性，极低浓度（0.001%左右）就可以抑制细菌、真菌及霉菌的生长，一直作为高效防腐剂被广泛使用。常用其单体或甲基氯异噻唑啉酮（CMIT）或甲基异噻唑啉酮与氯化镁及硝酸镁的混合物（凯松CG）。CMIT和凯松CG不能和甲基异噻唑啉酮同时使用。

异噻唑啉酮类防腐剂主要是通过阻碍微生物的呼吸、破坏细胞壁、干扰核酸合成等起到杀菌作用。该类防腐剂有很好的pH和热稳定性，可以在pH2～10的配方体系中使用，但抗菌活性在pH4～8时较为明显。其中凯松CG在酸性环境中防腐效能较好，而在碱性环境中容易失去防腐性能。此外，胺类、硫醇、硫化物、亚硫酸盐、漂白剂等也会使之失活。

此类防腐剂会造成肌肤刺激性皮炎，容易出现过敏反应。严重可引起红肿、起水泡、皮肤裂开、组织坏死等症状。目前欧盟化妆品标准中规定，甲基异噻唑啉酮作为化妆品防腐剂使用时，仅可用于淋洗类化妆品。我国《化妆品安全技术规范》（2015年版）规定化妆品使用时MIT最大允许浓度为0.01%，凯松CG最大允许浓度为0.0015%，只用于淋洗类产品中，凯松CG不能和甲基异噻唑啉酮同时使用。

3. 甲醛及甲醛缓释体类

甲醛溶液在化妆品中用作防腐剂较少，化妆品中使用较多的是能缓慢释放少量游离甲醛分子，进一步发挥甲醛高效杀菌作用的甲醛衍生物，也称为甲醛缓释剂或甲醛供体。甲醛及甲醛衍生物广谱杀菌的原因主要在于，甲醛能使蛋白质的氨基和巯基及核酸的嘌呤碱基的氮杂环烷基化，从而使蛋白质和核酸变性。

甲醛缓释剂常用的有咪唑烷基脲、DMDM乙内酰脲、2-溴-2-硝基丙烷-1,3-二醇、5-溴-5-硝基-1,3-二噁烷、甲醛苄醇半缩醛、双（羟甲基）咪唑烷基脲等。

甲醛具有一定危险性，如果其暴露浓度超过了安全限值，可能对人体健康造成危害，有致癌和致畸的风险。我国《化妆品安全技术规范》（2015年版）对甲醛和多聚甲醛及甲醛缓释体类物质作为化妆品防腐剂使用的最大允许浓度、使用范围、限制条件和标签标识等要求都做出了明确规定。还规定甲醛只能用于指（趾）甲硬化产品，且最大允许浓度为5％。要求当化妆品成品中游离甲醛浓度超过0.05％时，都必须在产品标签上标印"含甲醛"，且禁用于喷雾产品。同时规定了化妆品中甲醛含量的检验方法，以作为企业产品安全自检和市场监管的技术检验手段。

4. 醇类

这类防腐剂主要是通过干扰微生物细胞膜通透性，导致细胞内容物渗出，丧失电子动力产生的能量而起到防腐作用。常用的有苯甲醇、三氯叔丁醇、苯氧乙醇等。

苯氧乙醇的杀菌机理是作用于细胞膜，提高细胞膜对钾离子的通透性，抑制细胞生长需要的酶活性（如苹果酸脱氢酶）。

苯氧乙醇对霉菌、酵母菌的防腐效果不佳，但因其对皮肤刺激性小，近年来在国内使用量日渐增加。一般情况下，苯氧乙醇会和其他种类的防腐剂同时使用。《化妆品安全技术规范》2015年版中规定，苯氧乙醇在化妆品中最大使用量不得超过1.0％。苯氧乙醇自使用至今，只在2012年SCCSNFP（欧盟化妆品和非食品科学委员会，现改为消费者安全科学委员会SCCS）收到法国的风险评估申请。到目前为止，欧盟法规对苯氧乙醇用量的要求仍然是不得超过1.0％，可用于任何年龄段及任何种类的化妆品中。

苯氧乙醇属于低度皮肤敏感的防腐剂，在化妆品中使用非常广泛，很多儿童用化妆产品的配方中，甚至将苯氧乙醇作为唯一使用的防腐剂。复配有抗菌作用的多元醇类可以起到协同防腐的作用。但并不意味所有人都适合，它可以对人体皮肤细胞的"TRPV1传感器"（皮肤用来感知外界环境变化的结构）产生影响，使人产生"热感"或者轻微"痛感"，对眼睛有刺激性，且其在化妆品中的限定使用浓度最高为1％。

苯甲醇，又称苄醇、苄基醇。抗革兰氏阳性菌活性最强，抗革兰氏阴性菌和酵母菌效果一般，抗霉菌能力最弱。苯甲醇主要通过脂质加溶和蛋白质变性等作用破裂细胞膜而起到杀菌作用。

苯甲醇在化妆品中风险系数为5.0，低剂量使用比较安全，可以放心使用，对于孕妇一般没有影响，没有致癌性。苯甲醇主要以游离态或酯的形式存在于香精油中，如茉莉花油、依兰油、素馨花香油、风信子油、月下香油、秘鲁香脂和妥鲁香脂中都含有此成分。用于配制香皂、日用化妆香精，同时还能起到抗菌防腐的作用。但它能缓慢自然氧化，一部分生成苯甲醛和苄醚，使市售产品常带有杏仁香味，故不宜久贮。此外，苯甲醇也容易被多种氧化剂（如浓硝酸）氧化成苯甲酸，还有可能引起皮肤过敏，在化妆品中添加的最大允许浓度为1.0％。

三氯叔丁醇对多种革兰氏阳性和革兰氏阴性细菌以及几种霉菌孢子和真菌具有抗性。在化妆品中禁用于喷雾类产品，化妆品使用三氯叔丁醇作为防腐剂的浓度不得超过 0.5%，而且需在标签上注明"含三氯叔丁醇"。

5. 有机酸及其盐

这类防腐剂属于酸性体系有效的类别，在高 pH 值的情况下不稳定甚至失效，所以应在偏酸性的介质中应用。常用的有苯甲酸及其钠盐、山梨酸及其钠盐、水杨酸及其钠盐等。苯甲酸类防腐剂主要是以其未离解的分子发生作用的，未离解的苯甲酸亲油性强，易通过细胞膜进入细胞内，干扰霉菌和细菌等微生物细胞膜的通透性，阻碍细胞膜对氨基酸的吸收，进入细胞内的苯甲酸分子，酸化细胞内的储碱，抑制微生物细胞内的呼吸酶系的活性，从而起到防腐作用。山梨酸和苯甲酸于 pH=7 时无活性，于 pH=5 时分别呈现出 37% 和 13% 的活性，因此它们应在偏酸性的介质中应用，抗真菌活性优于抗细菌活性。其中水杨酸对局部皮肤有一定刺激性，而且可能产生"水杨酸效应"，出现耳鸣、晕眩、恶心、呕吐等症状。所以我国规定，除了香波产品外，三岁及以下儿童使用的化妆品中不得将水杨酸及其盐类作为防腐剂。同时，使用其作为防腐剂的化妆品标签上要注明"含水杨酸""三岁以下儿童勿用"等字样。

6. 其他防腐剂

（1）三氯生　极低浓度的三氯生可以阻碍细菌对必需氨基酸、尿嘧啶等营养物质的吸收，从而起到抑菌作用，对细菌、霉菌、酵母菌、病毒均有抑制杀灭作用。在我国，该防腐剂仅限用作洗手皂、浴皂、沐浴液、非喷雾类除臭剂、化妆粉剂、遮瑕剂、指甲清洁剂等的防腐。但近年来，三氯生已被证实是对环境有负面影响的原料。

（2）碘丙炔醇丁基氨甲酸酯（IPBC）　该防腐剂具有广谱抗菌活性，主要通过分子链上的碘对微生物细胞结构进行氧化作用，使微生物细胞的巯基（—SH）和酪氨酸碘化而失去蛋白质活性，进而达到抑制微生物生长的目的，尤其对霉菌和酵母菌有很强抑杀作用。IPBC 配伍性佳，可与化妆品中的各种成分配伍，也不受化妆品中的表面活性剂、蛋白质及中草药等添加物的影响，是化妆品日渐应用广泛的防腐剂。

IPBC 的化学结构在碱性和高温环境有可能分解出碘和丙炔醇，后者具有挥发性和刺激性。高浓度的 IPBC 还有可能引起神经和肝脏毒性。所以，我国和欧盟均规定 IPBC 禁用于唇部产品和三岁以下儿童使用的产品，同时在产品标签上要注明"三岁以下儿童勿用"。

我国《化妆品安全技术规范》（2015 年版）中规定：淋洗类化妆品中碘丙炔醇丁基氨甲酸酯最大允许使用浓度为 0.02%，驻留型产品最大允许使用浓度为 0.01%。

（3）2-溴-2-硝基丙烷-1,3-二醇（布罗波尔）　布罗波尔具有广谱抑菌作用，能有效地抑制大多数细菌，特别是对革兰氏阴性菌抑菌效果极佳。在高温和碱性条件下不稳定，在太阳光照下颜色变深。布罗波尔可与大多数表面活性剂配伍，但当在化妆品原料中含有—SH 基团的物质，如半胱氨酸等，会降低布罗波尔的抑菌活性。另外，金属铝也能降低布罗波尔的抑菌活性。

化妆品里的常用防腐剂按照出现频率可以做如下排序：羟苯甲酯＞双咪唑烷基脲＞苯氧乙醇＞甲基异噻唑啉酮＞碘丙炔醇丁基氨甲酸酯＞羟苯丙酯＞DMDM 乙内酰脲＞甲基氯异噻唑啉酮＞2-溴-2-硝基丙烷-1,3-二醇＞咪唑烷基脲＞羟苯乙酯＞＞山梨酸钾＞苯甲醇＞苯甲酸钠。此外，不同国家对防腐剂的喜好也有所不同，欧美地区化妆品中最常用对羟基苯甲酸酯类，其次是咪唑烷基脲；日本化妆品最常用对羟基苯甲酸酯类；亚太地区最常用对羟基苯甲酸酯类和咪唑烷基脲。

上面介绍了化妆品中常见防腐剂的性质、结构、使用范围和作用机制，但有两种类型的化妆品特别要引起注意。一是脱水及固体化妆品中的防腐问题，如护肤油、矿物油、香粉、香皂等化妆品及其他固体类化妆品中，虽然含有的水分很低，但是使用过程中容易导致水分增加（如放在浴室中存放），会进一步造成微生物污染，因此生产商会在这些化妆品中加入一定量的防腐剂。如尼泊金丙酯可以加入油类或粉状化妆品防止霉菌污染。二是部分原料对微生物已经有一定防腐作用，如精油。

四、防腐剂的复配

造成化妆品腐败变质的微生物种类繁多，而单一防腐剂的适宜 pH 值、最低抑菌浓度、抑菌范围都有一定的限制，因此一种防腐剂想完全满足以上条件是不可能的，往往需要两种或两种以上的防腐剂混合使用，这种情况称之为防腐剂的复配。

复配是基于以下原因考虑的：

1. 拓宽抗菌谱

某种防腐剂对一些微生物效果好而对另一些微生物效果差，而另一种防腐剂刚好相反。两者合用，就能达到广谱抗菌的防治目的。

2. 提高药效

两种杀菌作用机制不同的防腐剂共用，其效果往往不是简单的叠加作用，而是相乘作用，通常在降低使用量的情况下，仍保持足够的杀菌效力。

3. 抗二次污染

有些防腐剂对霉腐微生物的杀灭效果较好,但残效期有限,而另一类防腐剂的杀灭效果不大,但抑制作用显著,两者混用,既能保证贮存和货架质量,又可防止使用过程中的重复污染。

4. 提高安全性

单一使用防腐剂,有时要达到防腐效果,用量需超过规定的允许量,若多种防腐剂在允许量下的混配,既能达到防治目的,又可保证产品的安全性。

5. 预防耐药性的产生

如果某种微生物对一种防腐剂容易产生耐药性的话,它对两种以上的防腐剂都同时产生耐药性自然就困难得多。

五、防腐剂的发展趋势

随着"绿色、环保、安全"等理念的深入,化妆品行业对防腐剂的安全性研究也越来越深入。为了提高化妆品的使用性能,目前在化妆品研发和生产过程中不断添加种类多样化的生物活性剂、非离子型表面活性剂及蛋白质类等物质,因此对化妆品中防腐剂的选择种类和用量都提出了更高的要求。

目前,随着化妆品行业的不断发展,通常来说,化妆品的防腐体系在"绿色、环保、安全"等理念的基础上,要有广泛抑菌效果的同时对其他成分不产生干扰。因此,传统的单一防腐剂是很难达到全方位的防腐功效,复合功效型防腐剂具有可以增加抗菌范围、预防菌群抗药性等优点,且又安全、环保,同时不干扰化妆品中其他营养成分功效的发挥。

随着人们对生活环境和质量要求的不断提高,人们的消费理念也在发生转变,更倾向于自然健康,故天然防腐剂的研究与开发将会成为防腐剂领域研究的热点。国内外众多的研究者已从不同植物中提取到一些抑菌物质,并尝试将之应用到化妆品的防腐过程。例如,植物中的薰衣草油、丁香油等提取液,一些中草药如蛇舌草、白芍、决明子和薄荷等,其中都有一些具有防腐效果的活性成分。将这些具有抑菌防腐效果的活性成分提取出来应用到化妆品的防腐效果中,不但可以起到防腐抑菌的效果,而且其是植物提取物普遍具有低毒甚至无毒的特点,使其在化妆品中产生的副作用减少甚至消除,同时也迎合现代人们"绿色、环保、安全"的理念。但是由于提取技术及添加技术在化妆品行业发展还不完善,当前大多数具有抑菌作用的天然提取物在一定时期内还不能取代化学合成的防腐剂。一方面是天然抑菌物质自身功效的制约,另一方面是对于实际运用到化妆品效果以及长期效果还没有进行系统科学的研究。

第二节 防腐效能试验

防腐效能试验（antimicrobial effectiveness testing）又称为"微生物挑战性实验"，是用来决定化妆品配方中防腐剂的用量，即防腐剂有效抗菌的最低浓度（MIC）。无论是化妆品新配方的开发，还是新防腐剂的开发使用，均应做防腐效能试验，其目的是评价化妆品防腐体系的有效性。

防腐效能试验是指将一定量的微生物加入到化妆品中，模拟化妆品中可能出现的污染情况，每隔一定时间对其中的活菌量进行检测，以活菌增减量来判断化妆品防腐体系效能的实验方法。防腐效能试验中的微生物尽可能覆盖革兰氏阳性、阴性细菌，酵母菌和霉菌至少各一种，也可根据化妆品的性质，生产、使用环境等增加菌株。一般常用的代表菌为大肠埃希菌、金黄色葡萄球菌、铜绿假单胞菌、白色念珠菌和黑曲霉。可采用单一培养或混合培养方式接种。单一培养是指分别将每种实验菌添加至化妆品中，接种后一定时间取出，对其进行平板计数（APC），以此判断防腐剂的防腐效能。混合培养是指将几种细菌或者真菌的混合菌悬液接种至化妆品中，接种后一定时间取出，对其进行平板计数，混合培养更接近于化妆品的真实使用情况。可根据实际情况选择培养方式。通过该方法既可以评价防腐剂的效能，又能在安全剂量内确定化妆品使用防腐剂的最低浓度（MIC）。如果测试中加入的微生物数量保持不变或增加，那么这个产品的防腐体系是无效的。在防腐体系好的产品中，微生物的数量在规定时期内将减少到可接受的水平。

一、防腐效能试验的必要性

化妆品含有水、多元醇、表面活性剂和各种营养物质，这为微生物的生长和繁殖提供了良好的生存环境。如果产品中不含抑菌成分，微生物即可在产品中迅速生长繁殖，破坏产品的感官品质，损害消费者的健康。因此，在化妆品中添加适量的防腐剂是十分必要的。防腐剂的添加量对于配方设计非常重要，防腐剂的量添加太少，会使微生物繁殖而引起污染；防腐剂的量太大，会引起皮肤不适（如产生皮疹、有灼烧感、皮肤变红、发痒等）或过敏；防腐剂使用过量还会使产品成本增加，这无疑会加重消费者负担。通过防腐效能试验，可以选择既能有效抑菌又可以使产品安全、稳定，且使用起来愉快舒适的化妆品中防腐剂的最低浓度。因此，一个良好的防腐体系，对于化妆品来说是必不可少的。

在设计化妆品防腐体系时，需要筛选效果较好的防腐剂，但是，并不是简单地将几种效果好的防腐剂混配使用就能获得一个良好的防腐体系。各类化妆品的组分复杂，理化性能差异很大，防腐剂的性能是否得到充分发挥，会受到多因素的影响。如化妆品中防腐剂添加量、产品的 pH 值、防腐剂在水相和油相中的溶解性能、防腐剂与化妆品中组分的化学相容性等都会影响防腐性能。另外，当产品或原料污染严重时，微生物分泌的代谢产物与防腐剂作用，防腐剂杀死大量的菌体就会"消耗"一部分防腐剂；更重要的是，许多微生物在大量繁殖时，能分泌一种类似蛋白质物质，把菌体包裹起来，起到"抵御"外来化学物理因素的损害的作用。有报道甚至指出，当微生物已经大量繁殖后，某些杀菌剂还可作为营养物被微生物利用。由此可见，即使是同一防腐剂，在不同组成、不同剂型的化妆品中发挥出的防腐效能都很可能不一样。一个防腐体系对一种特定的产品效果优良，而对另一种产品却很不理想是常有的事情，因此，在投产前对防腐体系的可靠性做效能试验也是十分必要的。

二、常用的防腐效能试验方法

在为一个新的化妆品配方筛选防腐剂时，需要对防腐剂的防腐功效及加入化妆品后的防腐效力进行检测，从而筛选出不同化妆品配方所需的适宜防腐体系。化妆品防腐剂的筛选试验一般可以分为两步进行。首先，是对单一防腐剂的防腐功效进行对比测试，测试不同防腐剂的功效及适宜添加量，筛选出适宜的防腐剂种类和复配组合。可以采用抑菌圈试验和（或）防腐剂的最低抑菌浓度（MIC）进行评判。值得注意的是，化妆品防腐剂用量必须以安全性作为前提，各个国家和组织对化妆品中防腐剂的添加种类和添加量均有一定的规定。其次，将选定的防腐体系加入化妆品配方中，进一步对化妆品体系的防腐效果进行评价。近年来，以微生物挑战试验作为测试和评价化妆品的防腐效能已经逐步被国内外化妆品生产企业接受和推行。虽然，目前各国及其有关组织对化妆品微生物挑战试验还未有一个统一的标准或方法，但其基本的设计思路是相同的，即在待测样本中接种若干种类、一定浓度的微生物，在适当的温度下存放，定期分离测试样本中微生物数量，并根据微生物数量的变化情况来评判防腐体系的有效性。

（一）单一防腐剂的防腐效能试验

单一防腐剂的防腐效能试验常用琼脂扩散法和系列稀释法两大类。

1. 琼脂扩散法

琼脂扩散法用于定性测定防腐剂抑制微生物生长的能力。它是利用防腐剂在琼脂培养基中的扩散使其周围的微生物生长受到抑制，在有效浓度内形成抑菌圈，根据抑菌圈的大小评价防腐剂抑菌作用的强弱。

其方法是在琼脂平板上，用涂布法或倾注法接种一定量的试验菌，使试验菌均匀分布于平板表面或混合在培养基中。然后用一定的方法加入防腐剂，一定温度下培养一定时间，取出观察抑菌圈的大小，以抑菌圈大小判断防腐剂抑菌作用的强弱。

（1）滤纸片法　该方法是将直径约 6mm 的专用防腐剂敏感性滤纸片，置 120℃干热灭菌 2h。试验时用无菌滤纸片吸取防腐剂溶液，干燥后将滤纸片放在已接种试验菌的平板表面，培养后，通过观察抑菌圈大小判断防腐剂抑菌作用的强弱。此法可同时进行多种防腐剂对同一试验菌的抗菌试验（图 6-1）。

（2）挖沟法　在琼脂平板中间挖一直沟，在沟内注入防腐剂溶液。然后接种试验菌，接种时，每一菌种划一条横越防腐剂沟的接种线，一个平板可以接种若干种菌株。培养后观察微生物的生长情况，根据沟和微生物间抑菌距离的长短，判断该药物对各种的试验菌的抗菌能力（图 6-2）。

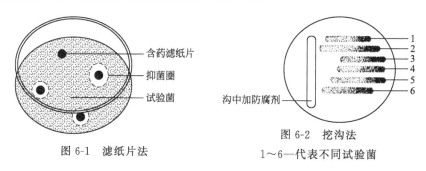

图 6-1　滤纸片法

图 6-2　挖沟法

1～6—代表不同试验菌

（3）联合抗菌试验法　联合抗菌试验是用于测定两种或两种以上防腐剂联合应用时的相互影响。防腐剂联合应用的效果如下：

① 协同作用：两种防腐剂联合作用时的抗菌活性大于单独作用时的活性。

② 拮抗作用：联合作用时的活性总和显著低于其单独作用时的活性。

③ 无关作用：一种防腐剂的存在并不影响另一种防腐剂的活性。

联合抗菌试验方法很多，最简单的是纸条或纸片法。

在含菌平板上，垂直放置两条浸有不同防腐剂溶液的干燥滤纸片，经培养后根据两种防腐剂溶液形成抑菌区的图形，来判断两种防腐剂联合作用对试验菌作用情况。亦可用纸片替代纸条进行试验。

2. 系列稀释法

系列稀释法主要用于定量测定防腐剂抑制微生物生长的能力。本法是将防腐剂用培养基按一定的倍数（常用两倍）稀释成一系列的浓度，依次分装在容器中，在容器中加入对该防腐剂敏感的试验菌。培养一定时间后，观察各容器中试验菌的生长情况而求出防腐剂的最低抑菌浓度（MIC）。根据所用的培养基稀释法分为液体法和固体法。

（1）液体培养基稀释法　在一系列的试管中，装相同体积的液体培养基，于第一管中加入同体积的防腐剂溶液，用二倍稀释法逐管稀释防腐剂溶液，所得防腐剂溶液浓度在系列试管中是呈递减状态，然后在每管中加入一定量的试验菌，培养后，用肉眼观察能抑制细菌生长的最低浓度即为该防腐剂的 MIC。也可用分光光度计测定终点（图 6-3）。此法优点：结果更具有精确性和可重复性。缺点：防腐剂溶液与培养基混合物不澄清的，难于直接观察结果。

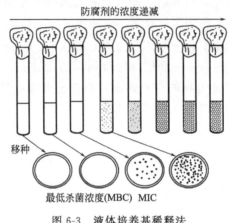

图 6-3　液体培养基稀释法

（2）固体培养基稀释法

① 平板法。将系列不同浓度的防腐剂溶液分别定量加入无菌平皿，各平皿加入相同量的琼脂培养基，充分混匀，制成含有系列递减防腐剂浓度的琼脂培养基。将定量的试验菌液接种在琼脂平板上，培养后，观察菌种生产情况，得出 MIC。此法亦可在平板上分区接种多种试验菌，同时测定多种细菌对同一防腐剂的 MIC，这是它的优点。此法缺点是容易发生污染。

② 斜面法。将不同浓度的防腐剂溶液，混入尚未凝固的试管琼脂培养基中，制成斜面，使各管含有一系列递减浓度的防腐剂，在斜面上接种定量的试验菌液，培养后可测知 MIC。本法适用于培养时间长而又不宜用平板法培养的试验菌。

（二）化妆品产品常用防腐效能试验方法及比较

目前化妆品生产企业或研究机构所使用的防腐效能试验方法主要有 ASTM E640（美国检验方法及材料协会）、USP 51（美国药典）、EP 7.0，5.1.3（欧洲药典）、ISO 11930；我国有 T/SHRH 017《化妆品防腐挑战试验》《化妆品防腐效能评价方法操作指南》，也可参考《中华人民共和国药典》抑菌效力检查法。各种不同的防腐挑战试验基本原理都是相通的。这些方法具有一些相同的特性，如测试的微生物种类测定 APC 方法均相同。这些方法的主要区别在于培养温度、接种物的制备程序和培养时间的不同。

1. ASTM 法

（1）使用菌株与制备　此方法选择的菌种有：革兰氏阳性细菌（金黄色葡萄球菌 ATCC 6538）、革兰氏阴性细菌（铜绿假单胞菌 ATCC 9027、洋葱伯克霍尔德菌 ATCC 25416、大肠埃希菌 ATCC 8739 和日沟维肠杆菌 ATCC 33028）、酵母菌（白色念珠菌 ATCC 10231）、霉菌（黑曲霉 ATCC 16404 和平滑正青霉 ATCC 10464）。培养细菌的培养基可选择营养琼脂培养基，培养酵母菌和丝状真菌的培养基可选择沙氏葡萄糖琼脂培养基。试验所使用的菌种必须是新鲜的，细菌在适当的培养基上于（35±2）℃培养 48～72h，酵母菌在（25±2）℃下培养 48～72h，霉菌在（25±2）℃下培养 5～7 天（或者至长满孢子）。接种细菌或酵母菌时用无菌接种环将微生物转移到无菌生理盐水中，细菌浓度调整为约 1×10^8 CFU/mL，可采用麦氏比浊法进行菌悬液浓度的测试与调整；酵母菌浓度调整为约 1×10^7 CFU/mL。在制备霉菌时，添加含有 0.05% 聚山梨醇酯 80 的无菌生理盐水至已培养好的霉菌斜面中，用接种环或无菌玻璃棒轻轻接触霉菌培养物将孢子取出，然后用无菌纱布或不吸水的棉花过滤除去菌丝体，并打散孢子，制备约 1×10^7 CFU/mL 浓度的孢子菌悬液。可使用血细胞计数板进行霉菌孢子计数，或者直接培养计数。

（2）接种与检测　此方法可用单一菌培养法接种，也可用混合菌培养方式进行接种。ASTM 方法取样时将待测样品以 20g 为一份，取 3 份装入带有玻璃珠的容器中，每份样品加入 0.2mL 的菌悬浮液。混合后的样品于 20～25℃恒温箱中培养，分别于第 7 天、14 天、21 天（可选）、28 天取 1 份混合样与 9 份中和稀释剂（例如 Letheen 肉汤）混合，采用 10 倍稀释溶液，倾注法进行菌落计数，培养时间和温度同上，最后以平板上的菌落数，得到每克检验产品中存活的微生物数量。

有时化妆品会反复受到暴露或污染。在这种情况下，ASTM 方法建议在 28 天后再进行防腐试验，这种重复检验，可以对消费者使用过程中产品污染的潜在问题作出更好的预测。

（3）结果评价　ASTM 要求 G⁻ 细菌、G⁺ 细菌和酵母菌，在防腐性检验后 7 天内至少降低 99.9%，并且在后续取样测试中微生物不应有增长；霉菌在 7 天内至少降低 90%，且在剩余时间点的测试中霉菌无增长。

2. USP 法

（1）使用菌株与制备　USP 法检验所用的微生物包括：金黄色葡萄球菌 ATCC 6538、大肠杆菌 ATCC 8739、铜绿假单胞菌 ATCC 9027、白色念珠菌 ATCC 10231、黑曲霉 ATCC 16404。试验所使用的菌种必须是新鲜的，培养细菌的培养基推荐选择大豆酪蛋白消化物琼脂培养基（SCDA），培养酵母和霉菌的培养基推荐选择沙氏葡萄糖琼脂培养基（SDA）。具体操作如下：将对应的菌种接种于相应的固体培养基上，细菌(32.5±2.5)℃培养 18～24h，酵母菌在(22.5±2.5)℃下培养 44～52h，霉菌在(22.5±2.5)℃下培养 6～10 天。然后用无菌生理盐水收集细菌和酵母菌体，并将其调整至约 $1×10^8$ CFU/mL，用含 0.05％聚山梨醇酯 80 的无菌生理盐水收集霉菌孢子并将孢子浓度调至约 $1×10^8$ CFU/mL。另外，菌悬液制备好后应及时使用，否则将影响菌悬液中菌体的存活性。

（2）接种与检测　当产品的包装容器不能进行接种和无菌取样时，可取 20mL 的产品至一个无菌的带盖容器（相对于抗菌剂是惰性的）中进行试验，每个容器中接种一种已制备好的菌悬液。接种菌悬液的体积是产品体积的 0.5％～1.0％，使菌浓度最终控制在 $1×10^5$～$1×10^6$ CFU/mL，根据平板计数法测定每个容器中加入菌种的初始浓度，接种后的容器置于 (22.5±2.5)℃恒温箱中。在第 7 天、14 天、28 天分别进行取样与检测。

（3）结果评价　USP 对不同的产品有不同的评判标准，对化妆品来说，可根据细菌在防腐性检验后 14 天内至少降低 99％，并且在后续取样测试中微生物不应有增长来进行防腐剂有效性评判；霉菌和酵母计数与初始添加浓度相比，在 14 天和 28 天都未增加来进行防腐剂有效性评判。

3.《中华人民共和国药典》 1121

此标准使用的菌种为金黄色葡萄球菌 CMCC(B)26 003、铜绿假单胞菌 CMCC(B)10 104、大肠埃希菌 CMCC(B)44 102、白色念珠菌 CMCC(F)98 001、黑曲霉 CMCC(F)98 003，其中，大肠埃希菌仅用于口服制剂的抑菌效力测定。制备好约含 10^8 CFU/mL 的菌悬液，每种试验菌单独加入样品中。准备 10g 或 10mL 样品，推荐采用原位接种方法，将菌悬液直接加入样品中，接种菌悬液的体积不得超过供试品体积的 1％，充分混匀，最终使 1g 或 1mL 样品中接种量为 10^5～10^6 CFU。置 20～25℃避光贮存，分别于第 2 天、7 天、14 天、28 天取样与检测。该方法皮肤给药制剂中评判标准 A 中规定，细菌第 2 天微生物降低 99％，第 7 天下降 99.9％且在后续取样测试中微生物不应有增长；真菌在 14 天降低 99％，且在后续取样测试中微生物不应有增长判为合格。在本标准中，还重点描述了培养基适用性和存活菌测试方法及方法的适用性。

4. ISO 11930

该标准使用的菌种为金黄色葡萄球菌 ATCC 6538、大肠埃希菌 ATCC 25922、铜绿假单胞菌 ATCC 15442、白色假丝酵母菌 ATCC 10231、黑曲霉 ATCC 16404。此标准着重描述了传代方法与细节。细菌的控制浓度为 $1×10^7$～$1×10^8$ CFU/mL，酵母菌和霉菌的控制浓度为 $1×10^6$～$1×10^7$ CFU/mL。此方法中的每种试验菌单独加入样品中。取 0.2mL 制备好的菌液，加入到装有 20g 或 20mL 样品的无菌塑料瓶中，混合均匀，使细菌终浓度控制在 $1×10^5$～$1×10^6$ CFU/mL(g)，真菌终浓度控

制在 $1×10^4$～$1×10^5$CFU/mL（g）。接种后的样品置（22.5±2.5)℃恒温箱中培养，分别在第 7 天、14 天、28 天取样与检测。在取样进行微生物计数时，需注意去除防腐剂对微生物的抑制作用，即需将所取样液加入合适中和剂中进行中和，本标准中也重点描述了中和剂鉴定方法。该方法评判标准 A 中规定，细菌在 7 天内至少降低 99.9％，并且在后续取样测试中微生物不应有增长；酵母在 7 天内至少降低 90％，并且在后续取样测试中微生物不应有增长；霉菌在 14 天未增加，在 28 天内降低 90％且未增加判为合格。

5. TSHRH 017

这种方法是上海日用化学品行业协会于 2019 年发布的，适用于液体类、乳液类、膏霜类等化妆品的防腐效能测试。此标准中使用的菌种、菌种传代与制备、中和剂鉴定试验、挑战试验和评判标准基本参考了 ISO 11930 标准，可重点研读并参考。

6. 不同方法的比较

上述防腐挑战方法的基本原理是相同的，就是在待测样本中人为地接种若干种类、一定数量的微生物，在适当的温度下存放，定期分离计数样本中的微生物，根据微生物数量的变化情况来评价防腐性能。

不同点：

（1）测试菌种稍有差异：其中 ISO 11930、USP51、EP 和《中华人民共和国药典》中加入的菌种为大肠埃希菌、金黄色葡萄球菌、铜绿假单胞菌、白色念珠菌和黑曲霉。其中，EP 和《中华人民共和国药典》规定大肠埃希菌可根据产品的类型选择性加入；ASTM E640 除了需要添加这五种菌，还需要添加洋葱伯克霍尔德菌、日沟维肠杆菌和平滑正青霉。

（2）纯培养和混合培养有差异：ASTM 建议的接种方式为纯培养或混合培养，而 ISO 11930、USP51、EP 和《中华人民共和国药典》采用的是典型的纯培养方式。混合培养可以更准确地反映经消费者使用产品后的污染情况，纯培养比混合培养可显示出不同菌株对防腐剂的抵抗性。

（3）取样点与评判标准不同：具体差异见表 6-2。

表 6-2　几种防腐效能试验方法的比较

测试菌种		ASTM 640	USP 51	EP	《中华人民共和国药典》	ISO 11930
非发酵革兰氏阴性细菌	铜绿假单胞菌	+	+	+	+	+
	洋葱伯克霍尔德菌	+				
发酵革兰氏阴性细菌	日沟维肠杆菌	+				
	大肠埃希菌	+	+	口腔产品	口腔产品	+

测试菌种		ASTM 640	USP 51	EP	《中华人民共和国药典》	ISO 11930
革兰阳性细菌	金黄色葡萄球菌	+	+	+	+	+
酵母菌	白色念珠菌	+	+	+	+	+
霉菌	黑曲霉	+	+	+	+	+
	平滑正青霉	+				
污染菌种			可选		可选	可选
接种浓度 /[CFU/g(mL)]	细菌	10^6	$10^5 \sim 10^6$	$10^5 \sim 10^6$	$10^5 \sim 10^6$	$10^5 \sim 10^6$
	霉菌和酵母	10^5	$10^5 \sim 10^6$	$10^5 \sim 10^6$	$10^5 \sim 10^6$	$10^4 \sim 10^5$
接种方式	单菌接种		+	+	+	+
	细菌真菌分组混合接种	+				
接种量		1%	0.5%～1%	<1%	<1%	1%
挑战次数	一轮	+	+	+	+	+
	二轮	+				
结果评判标准						
细菌	第2天			2	2	
	第7天	≥3	≥1	3	3	≥3
	第14天	NI	≥3			≥3＆NI
	第21天	NI				
	第28天		NI	NI	NI	≥3＆NI
酵母（Y）和霉菌（M）	第7天	Y≥3；M≥1	NI			Y≥1
	第14天	NI	NI	2	2	Y≥1＆NI；M≥0
	第21天	NI				
	第28天		NI	NI	NI	Y≥1＆NI；M≥1＆NI

注：结果评判标准中的数字为对数降低值；NI，无增长；USP 51、EP 和《中华人民共和国药典》根据产品给药途径不同，相应的评判标准也不同，上表中的评判标准为皮肤给药制剂的标准；《中华人民共和国药典》、ISO 11930 等有 A、B 评判标准，需根据实际需求选择对应的评判标准。

三、防腐效能试验要点

防腐效能试验是用于指导企业在研发阶段确定防腐剂的浓度，要注意在化妆品的生产过程中，防腐剂的添加不能作为降低产品微生物污染的唯一途径，还需要遵循良好的生产管理规范。另外，在防腐体系设计和防腐挑战试验过程中，我们还需要注意以下几点。

1. 测试菌种的选择

防腐效能试验测试菌株的选用尽量覆盖革兰氏阳性菌、革兰氏阴性菌、酵母菌和霉菌至少各一种。化妆品的生产和使用等环节环境复杂，面临的菌种更多，除此代表菌外，可能还有对防腐剂抗性更高的菌种。产品能通过防腐挑战，并不代表产品不会被污染，因此，在防腐挑战开展前，需要选择更全面、更有代表性的菌种，尤其是从生产环境中分离出来的、反复污染的 In-house（企业内部污染）菌种是一个很重要的考虑因素，因为这更接近于生产环境状况，可避免"漏掉"有可能污染到的实际环境微生物，从而使选择到的化妆品防腐体系更具可靠性。

2. 菌种的管理

防腐效能试验的关键环节在于添加菌种的培养与管理。根据《人间传染的病原微生物名录》（卫生部 2006）文件，添加的菌种多属于 3 类病原微生物，需要在 BSL-2 实验室进行菌种的制备与接种工作。BSL-2 实验室的建设和设备的配置可参考 WS 233—2017《病原微生物实验室生物安全通用准则》和 GB 50346《生物安全实验室建筑技术规范》等文件进行。

实验室应建立菌种管理（从标准菌株到工作菌株）的文件和记录并依照执行，内容包括菌株的申购、进出、收集、储藏、确认、转种、使用以及销毁等全过程。菌种的传代和制备使用都应在生物安全实验室或专门的阳性菌操作间内进行，操作人员应加强培训和提高安全防护意识，避免对自身和对环境的污染。注意冷冻的菌种一旦解冻转种制备工作菌株后，不得重新冷冻和再次使用；工作菌种不同保存方式的贮藏时间不同，需在规定的时间内进行传代与销毁工作；工作菌种的传代次数应控制代数，《中华人民共和国药典》明确规定不得传代超过 5 代的菌种，防止因过度传代引起的菌种退化或变异。一般制备好的细菌和酵母菌悬液应在 2h 内使用，如果在 2～8℃储存，则可在 24h 内使用。霉菌孢子悬液可在 2～8℃保存 7 天或在验证的周期内使用。

3. 方法的验证与选择

在几个方法中，接种一定数量微生物至样品中，在适当温度存放，定期取样 1g 或 1mL 进行分离计数时，需要注意的是，取出的测试样品需要加入合适的中和剂中，用以消除样品中防腐剂对微生物的干扰作用，从而得到准确的计数结果。防腐剂的种类不同，对应的中和剂也可能不同。加入的中和剂是否可以中和防腐剂对微生物的抑制作用，可以重点参考《中华人民共和国药典》1121、ISO 11930 和 TSHRH 017—2019 等，均有详细的中和剂鉴定流程。

防腐挑战试验有多个标准，具体选择何标准，可以从产品的出口国法规要求、产品的生产环境、使用特征等多因素做出综合评估与选择，也可以建立自己的防腐挑战方法。如在菌种选择时，可以添加从环境中分离到的污染菌，而不仅仅局限在标准所规定的几种代表菌；可根据防腐剂对具体菌种的抑制作用和工作量大小等评估选择是单一菌种还是混合接种；也可根据产品的使用方法和周期等评估取样点的选择，如可添加第 24h、3 天、42 天等取样点；也可一次加菌挑战，或者两次加菌挑战等。最终形成最适合该产品的挑战方法。

第七章
实　验

实验一　普通光学显微镜的使用及真菌的形态观察

一、实验目的

1. 熟悉普通光学显微镜构造及原理；
2. 掌握普通光学显微镜的使用和保养方法；
3. 初步认识真菌的形态结构特征。

二、实验原理

普通光学显微镜是由一套透镜组成的精密光学仪器，通常能将物体放大 40～1000 倍。其构造可分为机械部分和光学部分（图 7-1），这两部分很好的配合，才能发挥显微镜的作用。

1. 机械部分

普通光学显微镜的机械装置包括镜座、镜筒、物镜转换器、载物台、推动器、调节器等部件。

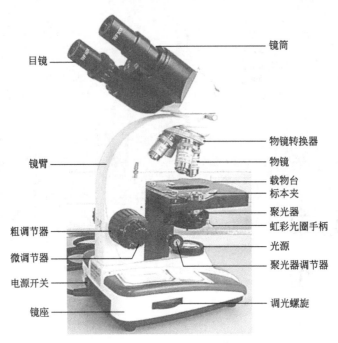

图 7-1　普通光学显微镜结构图

（1）镜座　镜座是显微镜的基本支架，它由底座和镜臂两部分组成。在它上面连接有载物台和镜筒，它是用来安装光学放大系统部件的基础。

（2）镜筒　镜筒上接目镜，下接转换器，形成接目镜与接物镜（装在转换器下）间的暗室。从物镜的后缘到镜筒尾端的距离称为机械筒长。因为物镜的放大倍数是对一定的镜筒长度而言的。镜筒长度的变化会影响成像质量。因此，使用显微镜时，不能任意改变镜筒长度。国际上将显微镜的标准筒长定为 160mm，此数字标在物镜的外壳上。

（3）物镜转换器　物镜转换器上可安装 3～4 个物镜，一般是三个接物镜（低倍、高倍、油镜），现有显微镜装有四个物镜。转动转换器，可以按需要将其中的任何一个接物镜和镜筒接通，与镜筒上面的接目镜构成一个放大系统。

（4）载物台　载物台为镜筒下方的平台，用于载放被检标本。载物台中央有一孔，称为通光孔，可通过集中的光线。在台上装有弹簧标本夹，标本夹的作用是固定标本。

（5）推动器　推动器也称为标本移动螺旋或推进器，是移动标本的机械装置，它是由一横一纵两个推进齿轴的金属架构成的，可用于移动标本的位置，使镜检对象恰好位于视野中心。有的显微镜在纵横架杆上刻有刻度标尺，构成很精密的平面坐标系。如果须重复观察已检查标本的某一部分，在第一次检查时，可记下纵横标尺的数值，以后按数值移动推动器，就可以找到原来标本的位置。

（6）调节器　调节器也称为调焦装置，分为粗调节器和微调节器，它是移动镜筒（或载物台），调节接物镜和标本间距离的机件。用粗调节器只可以粗放地调节焦距，要得到最清晰的物像，需要用微调节器做进一步调节。

2. 显微镜的光学系统

普通光学显微镜的光学系统由光源、聚光器、物镜和目镜等组成，光学系统使标本物像放大，形成倒立的放大物像。

（1）光源　较早的普通光学显微镜是用自然光检视物体，在镜座上装有反光镜。新近出产的显微镜镜座上装有光源，并有调光螺旋，可通过调节电流大小调节光照强度。

（2）聚光器　聚光器在载物台下面，它是由聚光透镜、虹彩光圈和升降螺旋组成的。聚光器安装在载物台通光孔下面，其作用是将光源光线聚焦于样品上，以得到最强的照明，使物像获得明亮清晰的效果。调节聚光器的高低，使焦点落在被检物体上，以得到最大亮度。一般聚光器的焦点在其上方 1.25mm 处，而其上升限度为载物台平面下方 0.1mm。因此，要求使用的载玻片厚度应在 0.8~1.2mm 之间，否则被检样品不在焦点上，影响镜检效果。聚光器透镜组前面还装有虹彩光圈，它可以开大和缩小，影响着成像的分辨力和反差。若将虹彩光圈开放过大，超过物镜的数值孔径时，便产生光斑；若收缩虹彩光圈过小，虽然反差增大，但分辨力下降。因此，在观察时一般应将虹彩光圈开启到视场周缘的外切处，使不在视场内的物体得不到任何光线的照明，以避免散射光的干扰。

（3）物镜　安装在镜筒前端转换器上的接物透镜利用入射光线被检物像进行第一次成像。物镜的性能取决于物镜的数值孔径（NA），每个物镜的数值孔径都标在物镜的外壳上，数值孔径越大，物镜的性能越好。物镜上分别标有放大倍数、数值孔径、机械长度、盖玻片厚度。如常用的 40× 物镜标记：40/0.65、160/0.17。即放大倍数为 40 倍，数值孔径为 0.65，机械长度为 160mm，盖玻片最大厚度为 0.17mm（图 7-2）。

图 7-2　普通光学显微镜物镜的主要参数

物镜可分为：低倍物镜指 4×、10×；高倍物镜指 40×；油浸物镜指 100×。

（4）目镜　目镜的作用是把物镜放大了的实像再放大一次，并把物像映入观察者的眼中。

标本经过物镜和目镜两次放大后，最终的放大倍数为两者放大倍数乘积。

物体放大倍数＝物镜放大倍数×目镜的放大倍数

三、仪器与试剂

1. 仪器

普通光学显微镜。

2. 观察材料

青霉菌装片、曲霉菌装片、根霉菌装片、酵母菌装片。

四、实验方法

（一）观察前准备

1. 取镜

将显微镜从显微镜箱内取出时，要用右手紧握镜臂，左手托住镜座，保持镜身直立，平稳地将显微镜放到离实训桌边缘约 10cm 的桌面上，使镜臂对着左肩，右侧可放记录本或绘图纸。放置妥当后，检查各部分是否完好。

2. 调节光照

转动粗调节器，使镜筒上升（或下降载物台），将低倍镜转入通光孔，将聚光器上的虹彩光圈打开到最大位置，用左眼观察目镜中视野的亮度，可通过调光螺旋调节光照强弱。

（二）低倍镜观察

镜检任何标本都要养成必须先用低倍镜观察的习惯。因为低倍镜视野较大，易于发现目标和确定检查的位置。

将标本片放置在载物台上，用标本夹固定，转动推动器，使被观察的标本处在物镜正下方。转动粗调节器，使物镜接近标本，用目镜观察并同时转动粗调节器慢慢升起镜筒（或下降载物台），直至出现模糊的物像，再转动微调节器使物像清晰为止。转动推动器移动标本片，找到合适的目标进行观察。镜检时，两眼都要睁开，一般用左眼观察，用右眼协助绘图或记录。

（三）高倍镜观察

在低倍物镜下找到物像后，将需要观察的目标移至视野中央，转换高倍镜观察。在正常情况下，高倍物镜的转换不应碰到载玻片或其上的盖玻片。若使用不同型号的物镜，在转换物镜时要从侧面观察，避免镜头与玻片相撞。然后从目镜观察，调节光照，使亮度适中，缓慢调节粗调节器，使镜筒下降（或载物台上升），直至物像出现，再用微调节器，调至物像清晰为止，找到需观察的部位进行观察、绘图。

（四）用后处理

① 将光源光强调至最暗，之后关闭电源开关。

② 转动转换器，使两个低倍物镜成外八字形摆放。

③ 将载物台调节至最低水平，并移动至最靠近镜臂位置，移动推动器使载物台上的标本尺杆右齐。

④ 降低聚光器，关闭虹彩光圈。

⑤ 用一个干净手帕将接目镜罩好，以免目镜头沾污灰尘。最后用柔软纱布清洁载物台等机械部分，待老师检查完毕后将显微镜放回镜箱内。

五、记录观察结果及绘图

记录观察结果，并绘制高倍镜下观察到的真菌形态结构模式图。

六、注意事项

① 拿显微镜要做到"一握、一托、镜身直"，取用过程中应避免碰撞。

② 显微镜不得擅自拆卸，不得用手触摸镜头。发现故障，应及时报告老师，以便检查修理。

③ 使用显微镜的总的原则：先低后高，先粗后微，宜慢忌快，谨防镜头与标本片碰撞，损坏镜头。

④ 从高倍镜和油镜下取出标本片时，必须先提升镜筒（或下降载物台），将镜头转离通光孔，方可取出。

⑤ 使用完毕，各个附件要清点齐全，归还原位，经老师检查签名后，方可放回箱内。

七、思考题

镜检标本片时，为什么要先用低倍镜？

实验二　普通光学显微镜的使用及细菌的形态观察

一、实验目的

1. 了解油镜的使用原理；
2. 掌握油镜的使用及保养方法；
3. 初步认识细菌的形态特征。

二、实验原理

相对于真菌，细菌的体积更为微小，40 倍高倍物镜难于辨认，一般要用放大倍数更高的油浸物镜（简称油镜，其放大倍数是 100）才能观察到其形态结构。

油镜的镜头开口很小，进入镜头中的光线较少，其视野比用低、高倍镜时暗。当油镜与标本之间为空气时，由于空气的折射率为 1.0，而玻璃的折射率为 1.52，故有一部分光线被折转而不能进入镜头内，以至视野很暗。为了增强光照亮度，一般用香柏油（或液体石蜡）充填镜头与标本片之间的空隙。因为香柏油的折射率为 1.51（液体石蜡折射率为 1.45～1.52），与玻璃的折射率相近，故通过的光线极少折射而损失，这样，视野充分明亮，便于清晰地观察标本（图 7-3）。

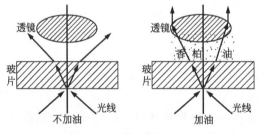

图 7-3　油镜的使用原理

三、仪器与试剂

1. 仪器

普通光学显微镜。

2. 试剂及辅助材料

香柏油（或液体石蜡）、二甲苯、擦镜纸、吸水纸。

3. 观察材料

细菌三型片、细菌鞭毛装片、芽孢装片、荚膜装片等。

四、实验方法

（一）观察前准备

参见实验一。

（二）低倍镜观察

参见实验一。

（三）油镜观察

在低倍物镜下找到物像后，将需要观察的目标移至视野中央，滴加香柏油或液体石蜡然后转换油浸物镜观察。

油浸物镜的工作距离（指物镜前透镜的表面到被检物体之间的距离）很短，一般在0.2mm以内，使用油浸物镜时要特别细心，避免由于"调焦"不慎而压碎标本片并使物镜受损。

油镜操作步骤如下：

① 先用低倍物镜观察，找到物像后将目标移至视野中央，并将低倍镜转出。

② 在玻片标本的镜检部位（通光孔正上方玻片部位）滴上一滴香柏油（或液体石蜡）。

③ 从侧面注视，直接转换油镜，使油镜浸入油滴中，镜头不得与标本相碰。如果转换油镜时发现两者发生接触，有两个可能的原因：一是低倍物镜观察时未调节到最佳焦距，二是低倍物镜与油镜属不同型号。前者解决方法是返回低倍物镜，重新调节到最佳焦距后再滴油换油镜。后者则需先稍稍将镜筒提升（或将载物台下降），再从侧面注视，转动粗调节器将镜筒缓缓下降（或载物台上升），使油浸物镜浸入香柏油中，使镜头几乎与标本接触，但两者切不可相碰。

④ 从接目镜内观察，调节聚光器和调光手轮，使视野内光线充分。调节粗调节器使镜筒徐徐上升（或载物台下降），当出现模糊的物像后，改用微调节器调至最清晰为止。如油镜已离开油面而仍未看到物像，必须重复上述3、4步操作。

⑤ 清洁。观察完毕，上升镜筒（或下降载物台），将油镜头转出，先用擦镜纸擦去镜头上的香柏油，再用擦镜纸蘸少许乙醚酒精混合液（乙醚2份，纯酒精3份）或二甲苯，擦去镜头上残留油渍，最后再用擦镜纸擦拭镜头2～3遍即可。如果使用液体石蜡则不需要用二甲苯清洁，只用干净的擦镜纸擦镜头4～5遍即可（注意朝一个方向擦拭）。滴过油的标本片亦需用吸水纸擦干净油渍。

（四）用后处理

参见实验一。

五、记录观察结果及绘图

记录观察结果，并绘制油镜下观察到的细菌形态结构图。

六、注意事项

① 油镜的焦距很短，调焦一定要慢，切忌过快。

② 低倍镜找到目标移到中央，转换油镜后一般只需微调细调即可。

③ 滴一滴香柏油或液体石蜡即可，不宜多加。油镜使用完毕一定要及时清洁干净。

七、思考题

简述油镜使用的注意事项。

实验三　细菌染色技术

一、实验目的

1.学习细菌涂片、染色的基本技术；

2.掌握细菌的单染色法；

3.掌握细菌革兰氏染色的原理、方法、结果判断及其意义；

4.学习无菌操作技术，巩固油镜的使用方法。

二、实验原理

细菌的涂片和染色是微生物学实验中的一项基本技术。细菌的细胞小而透明，在普通的光学显微镜下不易识别，必须对它们进行染色。经染色后的细菌细胞与背景形成鲜明的色差，在显微镜下更易于识别。

用于生物染色的染料主要有碱性染料、酸性染料和中性染料三大类。碱性染料带正电荷，细菌细胞通常带负电荷，所以碱性染料（如亚甲蓝、结晶紫、碱性复红或孔雀绿等)很容易与细菌结合使其着色。当细菌分解糖类产酸使培养基 pH 下降时,细菌所带正电荷增加,此时可用伊红、酸性复红或刚果红等带负电荷的酸性染料染色。中性染料是前两者的结合物又称复合染料,如伊红-亚甲蓝、伊红天青等。

根据染色程序不同,细菌染色方法可以分为单染色法和复染色法。单染色法只用一种染料使细菌着色,适用于观察菌体形状、排列方式,此法操作简便,但难以辨别细菌细胞的构造。复染色法是用两种或以上染料分步染色,可用于细菌的鉴定,又称为鉴别染色法。常用的有革兰氏染色法和抗酸染色法。

革兰氏染色法的基本步骤是:先用初染剂草酸铵结晶紫进行初染,再用鲁氏碘液媒染,然后用 95％乙醇(或丙酮)脱色,最后用复染剂沙黄(也称为番红)染液复染。经此方法染色后,细胞保留初染剂颜色(蓝紫色)的细菌为革兰氏阳性菌,细胞染上复染剂颜色(红色)的细菌属于革兰氏阴性菌。

革兰氏染色法可将细菌分为革兰氏阳性和革兰氏阴性的原因主要是由这两类细菌细胞壁的结构和组成不同决定的。实际上,当用草酸铵结晶紫初染后,像简单染色法一样,所有细菌都被染成初染剂的蓝紫色。鲁氏碘液作为媒染剂,它能与结晶紫结合成结晶紫-碘的复合物,从而增强了染料与细菌的结合力。当用脱色剂处理时,两类细菌的脱色效果是不同的。革兰氏阳性细菌的细胞壁主要由肽聚糖组成,类脂质含量低,且肽聚糖层数多较厚,交联度高,用乙醇(或丙酮)脱色时细胞壁脱水,使肽聚糖层的孔径缩小,通透性降低,从而使结晶紫-碘的复合物不易被洗脱而保留在细胞内,经脱色和复染后仍保留初染剂的蓝紫色。革兰氏阴性菌则不同,由于其细胞壁肽聚糖层数少较薄且交联度低、类脂质含量高,所以当脱色处理时,类脂质被乙醇(或丙酮)溶解,细胞壁透性增大,使结晶紫-碘的复合物比较容易被洗脱出来,用复染剂复染后,细胞被染上复染剂的红色。此外还与两类细菌等电点及细胞内核糖核酸镁盐含量不同有关。革兰氏阳性菌等电点低,细胞内核糖核酸镁盐含量高,结合阳性染料多,结合牢固,难脱色;革兰氏阴性菌等电点高,细胞内核糖核酸镁盐含量低,结合阳性染料少,易脱色。

染色前必须固定细菌。其目的有三:一是杀死细菌,使细胞蛋白质变性凝固,以固定细菌形态;二是使菌体黏附于玻片上,染色和水冲时不会脱落;三是增加其对染料的亲和力。常用的有加热和化学固定两种方法。

三、实验仪器与试剂

1. 仪器及用具

显微镜、酒精灯、火柴、载玻片、接种环、擦镜纸、吸水纸。

2. 染色剂及试剂

草酸铵结晶紫染色液、鲁氏碘液、95％乙醇、沙黄染液、香柏油(或液体石蜡）、二甲苯。

3. 菌种

枯草芽孢杆菌菌液、16～24h 大肠埃希菌培养物和金黄色葡萄球菌培养物。

四、实验方法

（一）细菌的单染色法

流程：涂片→干燥→固定→染色→水洗→干燥→镜检。

1. 涂片

涂片过程应进行无菌操作，要在以酒精灯火焰为中心半径 5cm 内的无菌操作区进行。取一块洁净无油的载玻片，将接种环在酒精灯火焰上灼烧灭菌，伸入枯草芽孢杆菌菌液内挑取菌液，在载玻片上涂抹成直径约 1.0cm 的菌膜（图 7-4）。若取菌苔或菌落染色，则先在洁净载玻片中间加一小滴无菌生理盐水，用无菌接种环取少许菌体（注意不要取到培养基，否则含杂质太多干扰结果观察），在生理盐水中涂抹均匀，若菌量过多，可在玻片上进行稀释，以免菌膜过厚影响染色效果。

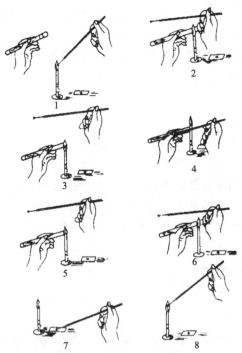

图 7-4　涂片过程的无菌操作

1—灼烧接种环；2—火焰旁拔试管塞；3—灼烧试管口；4—取菌；5—再次灼烧试管口；
6—塞回试管塞；7—涂布；8—再次灼烧接种环

2. 干燥

涂片最好在室温下自然干燥。也可以将涂面朝上在酒精灯上方利用热气烘干，或用吹风机吹干。

3. 固定

让菌膜面朝上，将载玻片在酒精灯火焰外焰来回通过三次，即为固定（图7-5）。

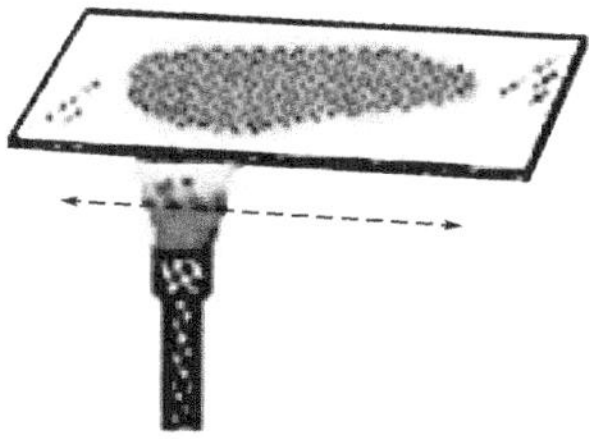

4. 染色

将载玻片平放于桌面上，冷却后，滴加1～2滴染液于涂片上（染液刚好覆盖涂片薄膜为宜）。沙黄（或草酸铵结晶紫）染色1～2min。

5. 水洗

倾去染液，斜置载玻片，用细水流从载玻片上端流下洗去多余的染液。

图 7-5　加热固定

6. 干燥

甩去玻片上的水珠，采用自然干燥、电吹风吹干或吸水纸吸干均可以（注意勿擦去菌膜）。

7. 镜检

涂片必须完全干燥后才能镜检。先用低倍镜找到物像，之后于油镜下进行观察，绘出菌体及芽孢染色图。

8. 实训结束后处理

清洁显微镜。同实验二。

染色玻片用洗衣粉水清洗，晾干后备用。

（二）细菌的革兰氏染色

流程：涂片→干燥→固定→染色（初染→水洗→媒染→水洗→脱色→水洗→复染→水洗）→晾干→镜检（图7-6）。

结晶紫初染　碘液媒染　乙醇脱色　复红复染

图 7-6　革兰氏染色法操作示意图

1. 涂片

分别取金黄色葡萄球菌和大肠埃希菌进行革兰氏染色。涂片方法与单染色相同。

2. 干燥

干燥方法与单染色相同。

3. 固定

固定方法与单染色相同。

4. 初染

待载玻片冷却后滴加草酸铵结晶紫（以刚好将菌膜覆盖为宜）于菌膜上，染色1min，倾去染色液，细水冲洗至洗出液为无色，将载玻片上的积水甩干。

5. 媒染

用鲁氏碘液媒染约1min，水洗，甩干。

6. 脱色

用滤纸吸去载玻片上的残水，将载玻片倾斜，在白色背景下，用滴管连续滴加95%的乙醇通过涂面脱色20～30s，至载玻片下端流出的乙醇无色时，立即水洗，甩干。革兰氏染色结果是否正确，乙醇脱色是操作的关键环节。

7. 复染

在涂片上滴加沙黄染液复染约1min，水洗，然后用吸水纸吸干。在染色的过程中，不可使染液干涸。

8. 干燥

甩去载玻片上的积水，自然干燥、电吹风吹干或用吸水纸吸干均可以（注意勿擦去菌膜）。

9. 镜检

镜检方法与单染色相同。判断两种菌体染色反应性。菌体被染成蓝紫色的是革兰氏阳性（G^+）菌，被染成红色的为革兰氏阴性（G^-）菌。

10. 实训结束后处理

方法与单染色相同。

五、记录观察结果及绘图

记录观察结果，并绘制油镜下观察到的细菌形态结构图。

六、注意事项

① 载玻片要洁净无油，涂片时，取菌切不可多，更不可将培养基刮下，涂抹要均匀，菌膜不宜过厚。

② 干燥时，载玻片切勿离火焰太近，因温度太高会破坏菌体形态。

③ 染色过程勿使染料干涸。水洗时，水流不要直接冲洗涂面，水流不宜过急、过大，以免涂片薄膜脱落，一般以冲洗下来的水基本无色为度。

④ 革兰氏染色要严格控制各试剂的作用时间，尤其是乙醇脱色，时间过短，G^- 可染成紫色造成假阳性；反之，G^+ 也可染成红色造成假阴性。

⑤ 革兰氏染色 G^+ 菌培养 12～18h 为宜，菌龄太老，因菌体死亡或自溶常使阳性菌呈阴性反应。

七、思考题

1. 细菌染色前，为什么必须进行固定？

2. 哪些环节会影响革兰氏染色结果的正确性？其中最关键的环节是什么？

3. 不经过复染这一步，能否区别革兰氏阳性菌和革兰氏阴性菌？

4. 为什么要求制片完全干燥后才能用油镜观察？

5. 如果涂片未经热固定，将会出现什么问题？加热温度过高、时间太长，又会怎样呢？

实验四　培养基的制备与灭菌

一、实验目的

1. 掌握培养基制备的基本程序；

2. 熟悉高压蒸汽灭菌方法；

3. 熟悉玻璃器皿的包扎方法。

二、实验原理

培养基是人工配制的，适合微生物生长、繁殖、代谢需要的营养基质。由于微生物种类繁多，营养要求各异，培养目的不同，使用的培养基也不相同。培养基的种类很多，一般培养基要具备以下条件：

① 适宜的营养物质，包括必需的碳源、氮源、无机盐、生长因子以及水分等；

② 适宜的 pH 值及一定的缓冲能力；

③ 合适的物理状态；

④ 本身应呈无菌状态。

因此，任何一种培养基一经制成就应及时彻底灭菌，以备纯培养用。一般培养基可采用高压蒸汽灭菌法灭菌。

按培养对象不同，培养基可分为细菌培养基、放线菌培养基和真菌培养基。细菌培养基常用蛋白胨做氮源，牛肉膏做碳源，再加适量的无机盐和水，如营养肉汤培养基。放线菌分解淀粉能力强，且对无机盐要求较高，其培养基大多含有淀粉，并加入钾、钠、硫、磷、铁、镁、锰等元素，如高氏一号培养基。真菌喜糖，培养基由麦芽糖或葡萄糖、蛋白胨等组成，如沙堡培养基。

按物理状态不同，培养基可分为液体培养基、固体培养基和半固体培养基。其差别主要在于凝固剂——琼脂的含量不同，不加琼脂的为液体培养基，加入 2%～3% 琼脂的为固体培养基，加入 0.2%～0.3% 琼脂的为半固体培养基。琼脂作为凝固剂的优点：一是绝大部分微生物不能分解它；二是琼脂在 98～100℃ 下熔化，易和营养成分均匀混合；三是于 45℃ 以下凝固成固体状态，便于微生物的分离纯化和计数。但多次反复熔化，其凝固性降低。

三、实验仪器与试剂

1. 仪器及用具

天平、称量纸、玻璃纸、牛角匙、pH 试纸（pH5.4～9.0）、量筒、试管、锥形瓶、漏斗、分装架、玻璃棒、烧杯、试管架、铁丝筐、棉花、线绳、牛皮纸或报纸、高压蒸汽灭菌锅、干燥箱。

2. 试剂

蛋白胨、牛肉膏、可溶性淀粉、氯化钠、磷酸氢二钾、琼脂、硝酸钾、硫酸镁、硫酸亚铁、麦芽糖、葡萄糖、1mol/L NaOH 溶液、1mol/L HCl 溶液。

四、培养基配制

原料称量→溶解（固体、半固体培养基则要加琼脂熔化）→补水→调节 pH 值→过滤分装→加塞包扎、做标记→灭菌→摆斜面或倒平板。

1. 原料称量

按培养基配方依次准确称取各种药品，放入适当大小的烧杯中。添加原料时注意：

① 牛肉膏黏稠，牛肉浸粉、蛋白胨极易吸潮，故称量时要迅速，且用玻璃纸称量；

② 如果配方中有淀粉，先将淀粉用少量冷水调成糊状，并在火上加热搅拌，然后加其他原料；

③ 用量很少的药品可先配成高浓度的溶液，按比例换算后取一定体积的溶液加入容器；

④ 培养基中的琼脂，要在一般药品溶解后再加，琼脂粉直接加，琼脂条剪成小段后再加；

⑤ 不耐热或高温易破坏的药品（如葡萄糖、虎红等），要在其他药品（包括琼脂）溶解后，最后再加；

⑥ 不能用热力法灭菌的成分，要单独过滤除菌后再加入灭菌培养基中，混匀使用。

目前使用的培养基多为混合好各类营养物质和琼脂的商业用培养基粉，使用时按照比例称取，直接加蒸馏水溶解均匀即可。

2. 溶解

用量筒量取一定量（约占总量的1/2）蒸馏水倒入烧杯中，在电热套中加热，并用玻棒搅拌，以防液体溢出或烧焦。待各种药品完全溶解后，停止加热，补足水分。

3. 调节 pH

根据培养基对 pH 的要求，用 1mol/L NaOH 或 1mol/L HCl 溶液调至所需 pH。经高压蒸汽灭菌后，培养基的 pH 略有降低，故在调整 pH 时，一般比配方要高出 0.2。

4. 过滤分装

先将过滤装置安装好。如果是液体培养基，玻璃漏斗中放一层滤纸，如果是固体或半固体培养基，则需在漏斗中放多层纱布，或两层纱布夹一层薄薄的脱脂棉趁热进行过滤。过滤后立即进行分装。分装时注意不要使培养基沾染在管口或瓶口，以免浸湿棉塞，引起污染。液体分装高度以试管高度的1/4左右为宜，固体分装量为管高的1/5，半固体分装试管一般以试管高度的1/3为宜；分装锥形瓶，其装量以不超过锥形瓶容积的一半为宜。

5. 加塞包扎、做标记

培养基分装后加好塞子或试管帽。加塞后再用牛皮纸或报纸包好瓶（管）口，用橡皮圈或棉线扎紧。在包装纸上标明培养基名称、配制者信息、日期等。

6. 灭菌

上述培养基应按配方中规定的条件及时进行灭菌。普通培养基为 103.42kPa，121℃，15～30min，如含有不耐高热的物质如糖类、血清、明胶等，则应采用低温灭菌或间歇法灭菌。一些不能加热的试剂如亚碲酸钾、卵黄、TTC、抗生素等，待培养基高压灭菌后凉至 50℃左右再加入，以保证灭菌效果和不损伤培养基的有效成分。如需要做斜面固体培养基，则灭菌后立即摆放成斜面（图 7-7），斜面长度一般以不超过试管长度的 1/2 为宜；半固体培养基灭菌后，垂直冷凝成半固体深层琼脂。

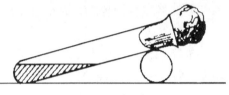

图 7-7　摆斜面

示例：营养肉汤培养基的配方及其配制方法

　　牛肉膏 3～5g　　蛋白胨 10g　　NaCl 5g
　　琼脂 15～20g（固体）/琼脂 2～5g（半固体）
　　蒸馏水 1000mL　　pH7.4

配制方法：按配方比例依次加入各种成分，加热溶解、补水，调 pH 至 7.6，分装后，加塞包扎，用高压蒸汽灭菌法（103.42kPa，121℃），灭菌 20～30min 后备用。

五、灭菌前物品的包扎

所有需要灭菌的物品首先应清洗干净晾干，包扎好后再进行灭菌。

1. 锥形瓶或试管包扎

装有培养基或稀释液的锥形瓶（或试管）需加上棉塞或橡胶塞，既可以过滤空气，防止杂菌侵入，还可以减缓培养基水分蒸发，保持容器内空气流通。瓶塞或试管塞在形状和大小上均应与瓶口或试管口完全配合，且松紧适度。一般塞头较大，约有 1/3 在瓶口或管口外，2/3 在瓶口或管口内（图 7-8）。另外为了便于无菌操作，减少棉塞的污染机会，或因棉花纤维过短，可在棉塞外面包上 1～2 层纱布（医用料纱布），延长其使用时间。

瓶（管）口塞好塞后，在塞子与瓶口外再用纸包好，用棉绳以活结扎紧，以防灭菌后瓶口被外部杂菌所污染。

锥形瓶也可用8～12层纱布代替棉塞（图7-9）。

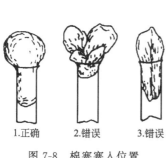

图 7-8　棉塞塞入位置

图 7-9　包扎好的锥形瓶

2. 吸量管包扎

　　将吸量管洗净、晾干，在管口上端松松地塞上1～2cm的棉花，然后用4～5cm宽的长条纸，逐支以螺旋式包扎。为防止松开，可将末端多余纸反折后打结（如图7-10）。实际工作中有时可以直接放入专用的吸量管桶中直接灭菌。

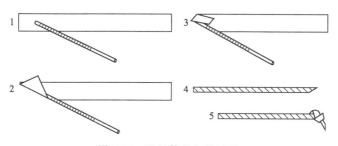

图 7-10　吸量管的包扎过程

3. 培养皿的包装

　　洗净晾干的培养皿，每10套左右一组，用报纸包好或用金属套筒装好（图7-11）。

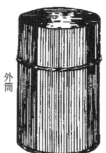

内部框架　　　　外筒

图 7-11　培养皿的包装

六、灭菌

（一）高压蒸汽灭菌法

高压蒸汽灭菌用途广，效率高，是微生物学实验中最常用的灭菌方法。这种灭菌方法是基于水的沸点随着蒸汽压力的升高而升高的原理设计的。当蒸汽压力达到 103.42kPa 时，水蒸气的温度升高到 121℃，经 15～30min，可杀死锅内物品上的各种微生物（包括芽孢）。一般培养基、玻璃器皿以及传染性标本和工作服等都可应用此法灭菌。常用的高压蒸汽灭菌器有手提式灭菌锅、立式灭菌锅和卧式蒸汽灭菌器。

1. 高压蒸汽灭菌器操作方法

（1）加水　打开灭菌锅盖，向锅内加水到水位线。立式消毒锅最好用已煮开过的水，以便减少水垢在锅内的积存。注意水要加够，防止灭菌过程中干锅。

（2）装料、加盖　灭菌材料放好后，将灭菌盖上的软管插入灭菌桶的槽内，关闭灭菌器盖，采用对角式均匀拧紧锅盖上的螺旋，使蒸汽锅密闭，勿使漏气。

（3）加热排气　打开电源，加热，待容器内压力达到 5kPa 时，打开排气口(也叫排气阀)放出冷气。当有大量蒸汽排出时，维持 5min，使锅内冷空气完全排净。

（4）升压、保压和降压取料　当锅内冷空气排净时，即可关闭排气阀，压力开始上升。当压力上升至所需压力时，控制电压以维持恒温，并开始计算灭菌时间，待时间达到要求（一般培养基和器皿灭菌控制在 121℃，20min，不同物料的灭菌条件见表 7-1）后，停止加热，待压力降至接近"0"时，打开放气阀，取出灭菌材料。注意不能过早过急地排气，否则会由于瓶内压力下降的速度比锅内慢瓶内液体冲出容器之外。

表 7-1　高压蒸汽灭菌锅灭菌条件

条件	单位	不含糖等耐热培养基	含糖类等不耐热培养基	染菌培养物	器械器皿
灭菌温度	℃	121	115	121	121
灭菌压力	kPa	103.42	68.95	103.42	103.42
	lbf/in²	15	10	15	10
灭菌时间	min	15～30	20～30	15～30	15～30

（5）灭菌后的培养基存放　灭菌后的培养基经检查灭菌彻底后，可放冰箱中保存备用。斜面培养基取出后，立即摆成斜面。

2. 注意事项

① 锅内水分要充足，灭菌物品装量不宜太满。

② 灭菌初期先排净锅内冷空气再升压。

③ 灭菌时间计算：达到规定压力和温度才开始计时。

④ 灭菌结束需缓慢减压，趁热取出灭菌物品。

（二）烘烤灭菌法

通过使用干热空气杀灭微生物的方法叫干热灭菌。实验室常用于培养皿、锥形瓶、试管等玻璃器皿及陶瓷、金属制品、油类等灭菌，培养基及带有胶皮的物品不能用此法灭菌。

1. 装料

将包扎好的物品放入电烘箱内，注意不要摆放太密，以免妨碍空气流通；器皿不得与烘箱的内层底板直接接触。

2. 升温后维持恒温

将烘箱的温度设定在 160～170℃，打开电源开关，升到规定温度后恒温维持2h，注意勿使温度过高，超过 170℃，器皿外包裹的纸张、棉花会被烤焦燃烧。如果是为了烤干玻璃器皿，温度为 120℃持续 30min 即可。

3. 降温

灭菌结束关闭电源开关，自然降温，温度降至 60～70℃时方可打开箱门，取出物品，否则玻璃器皿会因骤冷而爆裂。

七、思考题

1. 制备培养基的一般程序是什么？

2. 灭菌在微生物学实训操作中有何重要意义？

3. 高压蒸汽灭菌时，为何要排尽锅内冷空气？

4. 电烘箱干烤灭菌有哪些注意事项？

实验五　微生物的接种与分离技术

一、实验目的

1. 掌握微生物的斜面培养基、液体培养基和半固体培养基接种技术；

2. 掌握分离纯化微生物的方法；

3. 掌握微生物培养条件；

4. 能正确描述细菌的菌落特征；

5. 建立无菌操作的概念，能正确进行无菌操作。

二、实验原理

将微生物的培养物或含有微生物的样品移植到培养基上的操作技术称为接种。接种是微生物实验及科学研究中的一项最基本的操作技术。无论微生物的分离、培养、纯化或鉴定以及有关微生物的形态观察及生理研究都必须进行接种。常用的细菌接种技术有斜面接种技术、液体培养基接种技术和穿刺接种技术。

含有一种以上的微生物培养物称为混合培养物。只培养单一种类微生物称为纯培养。在自然条件下，微生物以混合体形式存在，而在进行微生物实验时，所用的微生物一般均要求为纯培养物。从混合培养物中得到纯培养的过程称为分离纯化，常见分离纯化技术有平板划线分离法和稀释平板分离法。

接种和分离的关键是要严格进行无菌操作，如无菌操作不规范易引起杂菌污染，实验结果不可靠，影响下一步工作的进行。

不同微生物生长繁殖的条件不同，培养温度、气体环境和培养时间有差别，实际工作中要根据具体情况进行选择。

培养微生物的平板一般要倒置于恒温培养箱中培养。原因主要有三点：

① 保持湿度；

② 防止空气中微生物的污染；

③ 防止平板表面形成水珠，造成菌落蔓延成片，干扰微生物的培养与计数。

三、实验仪器与试剂

1. 仪器及用具

酒精灯、火柴、试管架、接种环、恒温培养箱、培养皿、试管、标签等。

2. 菌种

大肠埃希菌斜面培养物、金黄色葡萄球菌斜面培养物、大肠埃希菌和金黄色葡萄球菌的混合菌液。

3. 培养基

营养肉汤培养基、营养肉汤半固体培养基、营养琼脂斜面和平板培养基。

四、常用的接种分离工具及用途

常用的接种分离工具见图 7-12。

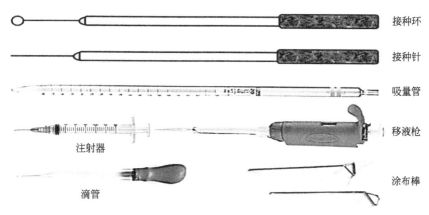

接种环

接种针

吸量管

移液枪

注射器

涂布棒

滴管

图 7-12　常用微生物接种与分离工具

1. 接种针

专用于沾取微小菌落的培养物做深层固体、半固体培养基的穿刺接种。

2. 接种环

主要用于挑取液体培养物或菌苔。前端的圆环要求圆而封口，否则液体不会在环内形成液膜。

3. 涂布棒

用于将含菌溶液均匀涂布在琼脂平板上。

4. 吸量管、移液枪、注射器、滴管

用于菌液定量接种。

五、接种与分离技术

接种和分离必须进行严格的无菌操作。在微生物实验中，一般小规模的接种操作，使用超净工作台或生物安全柜，工作量大时使用无菌室接种，要求严格的在无菌室内再结合使用超净工作台或生物安全柜。在超净工作台接种时要点燃酒精灯，在以酒精灯火焰为中心，半径为 5cm 的无菌区操作。

（一）接种技术

1.斜面接种技术

将目的菌种移植到新鲜斜面培养基上的接种方法称为斜面接种。主要用于菌种的活化、增菌培养和菌种保藏。其操作过程见图 7-13。

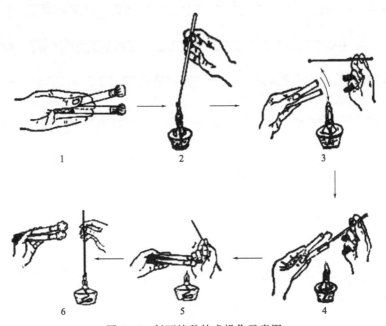

图 7-13　斜面接种技术操作示意图

1—左手挟住试管；2—灼烧接种环；3—拔出管塞，夹在手掌、小指、无名指之间，管口过火；
4—取菌，接种；5—接种后管口过火，在火焰上方迅速塞好管塞；6—灼烧接种环

① 点燃酒精灯。

② 左手持试管：将菌种试管与待接种的试管培养基依次排列，挟于左手的拇指与其他四指之间，斜面朝上。

③ 旋松试管塞：先用右手旋松棉塞或塑料塞，以便接种时拔出。

④ 接种环灭菌：右手像握钢笔一样拿接种环，将接种环垂直插入酒精灯火焰中烧红，然后将可能伸入试管的其余部分再横过火焰灼烧灭菌。

⑤ 拔试管塞：用右手的无名指、小指和手掌边拔出试管塞并挟住，将试管口置于酒精火焰上过火消毒。

⑥ 接种环冷却：将灼烧过的接种环伸进菌种管中，在无菌培养基上停留片刻待其冷却，以免烫死被接种的菌体。

⑦ 取菌：待接种环冷却后，轻轻沾取少量目的菌种，移出菌种管，接种环从菌种管中抽出时不得碰到管壁，不得通过火焰。

⑧ 接种：在火焰旁迅速将带菌种的接种环伸进待接种斜面，在培养基中由底部向上轻轻划"之"字形线（图 7-14）。划线在培养基表面进行，不要划破培养基，亦不要沾污管壁。

⑨ 塞试管塞：取出接种环，灼烧试管口，在火焰旁塞上试管塞。

⑩ 接种环灼烧灭菌：烧死接种环上的残余菌，把试管和接种环放回原处。

⑪ 在斜面管口写明菌种名称、接种日期，在规定温度下置恒温培养箱培养。

2. 液体培养基接种技术

实验室的液体培养基接种主要用于微生物的增菌培养或生化鉴定。

① 液体培养基接种技术与斜面接种技术基本相同。不同的是将目的菌种移到含液体培养基的试管中，涂于接近液面的倾斜的管壁上，并轻轻研磨，再直立试管，菌种即溶入培养液中（图 7-15）。

图 7-14　斜面培养基接种　　　　图 7-15　液体试管接种

② 灼烧接种环，放回原处，两试管口经火焰消毒后塞上棉塞。

③ 在新接种管上写明菌种名称、接种日期，直立置于恒温培养箱培养。

3. 穿刺接种技术

穿刺接种法是用接种针挑取目的菌穿刺到固体或半固体的深层培养基中的接种方法。常作为保藏菌种的一种形式，也可用于检查细菌的运动性。它只适用于细菌和酵母的接种培养。其操作方法如下（图 7-16）。

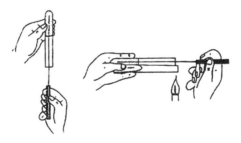

图 7-16　半固体培养基穿刺接种

① 点燃酒精灯。

② 按斜面接种技术中的姿势握持菌种管和待接种管，靠近火焰，旋松管塞。

③ 右手握接种针，其姿势、灼烧灭菌法、取菌法与斜面接种技术中的接种环用法相同。

④ 将接种针从培养基中央垂直刺入至管底 3/4 处，然后原路退出。接种针不能在培养基中左右移动，接种要做到手稳，动作轻巧快速。

⑤ 试管口经火焰灭菌后，塞上管塞。灼烧接种针。

⑥ 在新接种管上写明菌种名称、接种日期，直立置于恒温培养箱培养。

（二）分离技术

1. 平板划线分离法

① 制备平板。将营养琼脂培养基熔化并冷却到约 50℃，在酒精灯火焰旁打开瓶塞，右手持锥形瓶中下部，瓶口过火，左手持培养皿，左手中指、无名指和小指托出培养皿底部，左手大拇指、食指稍稍揭开皿盖，将约 15mL 的培养基倒入培养皿中，平放于桌面，凝固后待用（图 7-17）。

② 灼烧接种环，冷却后沾取待分离的大肠埃希菌和金黄色葡萄球菌的混合菌液。

③ 平板划线分离。将带菌的接种环伸入平板内划线，划线有两种方法：一种是连续划线法，从平板边缘的一点开始，连续做紧密的“之”字形或平行划线，接种线经过整个平板，划线过程不烧接种环；一种是分区划线法，在平板的一边做第一次“之”字形或平行划线，转动平板约 60°角，灼烧接种环灭菌冷却后，做第二次“之”字形或平行划线，划线要与前次重叠 2～3 条，同法进行第三、四、五次划线。每次划线应该密而不重复，充分利用平板表面。划线完毕立即盖上平板（图 7-18）。

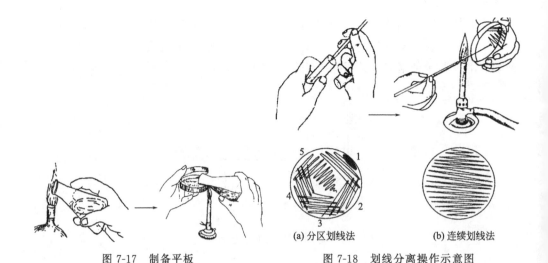

图 7-17　制备平板

(a) 分区划线法　　(b) 连续划线法

图 7-18　划线分离操作示意图

④ 灼烧接种环灭菌。平板倒置于恒温培养箱培养，即可长出分离的菌落。

2. 稀释平板分离法

① 倾注平板法　按无菌操作法用吸量管或移液枪取一定量的混合菌液（图7-19）先放入无菌培养皿中，然后倒入熔化并冷却至45℃左右的固体培养基，迅速摇匀，使菌液稀释且均匀分布。待平板凝固之后，倒置于恒温培养箱培养，即可长出分离的菌落。此法可用于微生物的分离和计数。

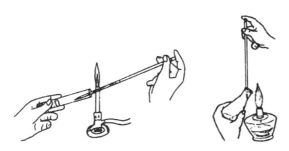

图 7-19　吸量管吸取菌液示意图

② 涂布平板法　先制备好平板，然后再用吸量管或移液枪吸取一定量的菌液加入平板表面，左手持平板，右手拿涂布棒灼烧灭菌并冷却后，平放在平板表面上，将菌液沿同心圆方向轻轻地向外扩展涂布，使之分布均匀，室温下静置5～10min，使菌液浸入培养基。倒置于恒温培养箱培养即可长出分离的菌落。此法亦可用于细菌的分离和计数（图7-20，图7-21）。

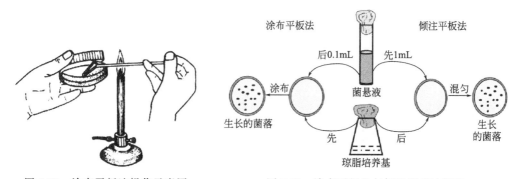

图 7-20　涂布平板法操作示意图　　图 7-21　涂布平板法与倾注平板法图解

③ 混合接种　取一定量菌悬液与熔化好的、保持在45℃左右的营养琼脂培养基充分混合，然后倾注到无菌培养皿中，待凝固之后，把平板倒置在恒温培养箱中培养，可得到分离的菌落。

六、注意事项

① 无论是一般接种操作、划线分离还是制备培养基都严格要求无菌操作，在以酒精灯火焰为中心，半径 5cm 的范围内（无菌区）进行。整个过程无论是菌种管还是待接种管的管塞均不得放在台面。

② 制备平板时培养基的温度不能太高，一般要求要控制在 45～50℃之间。温度过高，培养皿盖上会有许多冷凝水，易造成污染，如果是混菌平板，培养基温度过高还会导致混合菌生长受到影响。温度过低，培养基未及时铺开即凝固，导致平板凹凸不平。

③ 培养时平板要注意倒置培养。

七、思考题

1. 何谓无菌操作？在进行微生物接种时，无菌操作不严格会带来什么后果？
2. 如何对接种环、接种针进行灭菌？
3. 实训室常用哪些方法分离纯化细菌？
4. 琼脂平板为何要倒置培养？
5. 连续划线法与分区划线法中，哪种方法分离微生物效果更好？为什么？

实验六　微生物的分布测定技术

一、实验目的

1. 了解自然界中微生物的分布；
2. 掌握空气中沉降菌的测定方法；
3. 掌握水中菌落总数的测定方法。

二、实验原理

1. 空气中沉降菌的测定

空气中微生物的检查方法有沉降法、气流撞击法、滤过法等，其中沉降法最为简单、实用，是常用的方法。沉降法是通过自然沉降原理收集空气中的生物粒子于培养基平板表面，在适宜条件下，经若干时间培养至可见菌落进行计数。根据平板中的菌落数来判定洁净环境内的活微生物数，并以此来评定洁净室（区）的洁净度。

目前我国洁净室（区）空气沉降菌的测定方法和标准参考 GB/T 16294《医药工业洁净室（区）沉降菌的测试方法》。具体指标见第四章第一节。

2. 饮用水菌落总数的测定

水是微生物广泛分布的天然环境。各种水中常含有一定数量的微生物。水中微生物的检验，在保证饮用水安全和控制传染病上有着重要意义，水中微生物同时也是评价水质的重要指标。

目前我国饮用水中微生物指标参考 GB/T 5750.12《生活饮用水标准检验方法 微生物指标》，测定项目包括菌落总数、大肠埃希菌、总大肠菌群、耐热大肠菌群、贾第鞭毛虫和隐孢子虫的测定。其中 1mL 水样菌落总数不得超过 100 个，100mL 水样中不得检出大肠埃希菌、总大肠菌群和耐热大肠菌群。

菌落总数测定一般采用平皿计数法，即将 1mL 水样接种于营养琼脂平板中，置于 37℃恒温培养箱中培养 48h，之后进行菌落计数。

三、实验仪器与试剂

1. 仪器及用具

培养皿、漏斗、试管、酒精灯、火柴、试管架、吸量管、标签、恒温培养箱、高压蒸汽灭菌锅等。

2. 培养基

营养琼脂培养基。

四、实验方法

1. 培养基的制备及仪器准备

① 按照实验四方法配制营养琼脂培养基，分装，加塞，包扎。

② 包扎培养皿、吸量管、烧杯。

③ 高压蒸汽灭菌以上物品。

2. 空气中沉降菌的测定

（1）制备平板　取内径 90mm 的无菌培养皿 3 套，分别注入熔化并冷却至约 50℃的营养琼脂培养基（实际工作中为胰酪大豆胨琼脂培养基）约 15mL，冷却凝固。

(2) 采样　将 2 套已经凝固的平板，放在指定区域（一般为距地面约 1m 的平台），打开皿盖，在空气中暴露至少 30min，之后盖好皿盖。另 1 套不打开皿盖，作为对照。

(3) 培养　将 3 套平板倒置于 30～35℃恒温培养箱至少 2 天，取出。

(4) 结果判定　观察菌落特征，计算每一个平板中的菌落数。对照平板应无菌生长。求取 2 套暴露板的平均菌落数，对比标准，判定该洁净室（区）洁净度是否符合规定。

3. 饮用水中菌落总数的测定

(1) 取样　用无菌带塞试管接取约 30mL 自来水。

(2) 制备混合平板　用无菌吸量管吸取饮用水样，注入 2 个无菌培养皿中，每个培养皿加水样 1mL，并分别倾注约 15mL 已熔化并冷却到 45℃左右的营养琼脂培养基，立即旋摇平皿，使水样与培养基充分混匀，冷却凝固。

另取 1 个无菌培养皿只倾注营养琼脂培养基作为空白对照。

(3) 培养　将 3 套平板倒置于（36±1）℃恒温培养箱 48h，取出。

(4) 结果判定　观察菌落特征，计算每一个平板中的菌落数。对照平板应无菌生长。求取 2 套混合板的平均菌落数，对比标准，判定该饮用水菌落总数是否符合规定。

五、思考题

1. 在化妆品生产及检查的哪些环境需进行空气沉降菌测定？
2. 假如饮用水测定结果为菌落总数 87CFU/mL，能否判定该饮用水符合国家卫生标准？为什么？

实验七　防腐剂的抑菌试验

一、实验目的

1. 了解不同防腐剂对不同微生物的抑菌作用；
2. 学习纸片法和液体培养基稀释法测定防腐剂防腐效能的操作方法。

二、实验原理

用于测定防腐剂抑制微生物生长效力的试验称为抑菌试验，也称为防腐效能试验。通过抑菌试验，可以测定一种防腐剂的最低抑菌浓度，用以评价该防腐剂的抑菌性能。主要方法有定性测定的扩散法（如抑菌圈试验）和定量测定的稀释法（如最低抑菌浓度试验）。

扩散法中最常用的是纸片法，该方法是以一定直径的无菌滤纸片，沾取一定浓度被检防腐剂，干燥后，将它紧贴在含试验菌平板上，滤纸上含有的防腐剂会向琼脂中扩散，若对该试验菌有抑制作用，经培养后，可在滤纸片周围出现不长菌的透明圈称为抑菌圈。抑菌圈越大说明抑制作用越强。本法用于考查多种防腐剂对同一类微生物的抑制情况。

液体培养基连续稀释法是常用的定量测定方法。在一系列的试管中，用液体培养基稀释防腐剂，使各管的防腐剂浓度成系列递减，然后在每管中加入一定量的试验菌，培养后用肉眼观察试管的混浊度，肉眼观察无菌生长的最低浓度即为防腐剂的最低抑菌浓度（MIC：指防腐剂完全抑制微生物生长的最低浓度），也可用分光光度计观察终点。将未见长菌的试管内培养物进一步转接营养肉汤琼脂平板，观察是否有菌生长，如果有菌生长，表明该浓度为抑菌浓度，如果确实无菌生长，则该浓度为杀菌浓度，据此可测定防腐剂的最低杀菌浓度（MBC）（如图7-22）。

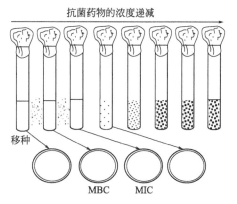

图 7-22　液体培养基连续稀释法

本实验中使用的防腐剂均为化妆品中常用的防腐剂。

三、实验仪器与试剂

1. 仪器及用具

高压蒸汽灭菌锅、恒温培养箱、培养皿、吸量管、试管（13mm×100mm）、镊子、酒精灯、棉球、直径0.6cm的无菌滤纸片。

2. 试剂

75%酒精、3.6%和1.8%的咪唑烷基脲、0.2%和0.05%的甲基异噻唑啉酮（凯松）、9.6%和4.8%的DMDM乙内酰脲（1，3-二羟甲基-5，5-二甲基乙内酰脲）、胰酪大豆胨液体培养基、胰酪大豆胨琼脂培养基、沙氏葡萄糖液体培养基、沙氏葡萄糖琼脂培养基。

3. 试验菌液

金黄色葡萄球菌和大肠埃希菌 30～35℃下 18～24h 胰酪大豆胨液体培养物、酵母菌 20～25℃下 24～48h 沙氏葡萄糖液体培养物。

四、实验方法

1. 纸片法

（1）混菌平板的制备　分别取 1mL 的金黄色葡萄球菌、大肠埃希菌胰酪大豆胨液体培养物、酵母菌沙氏葡萄糖液体培养物置于无菌培养皿中，每种试验菌株各两个培养皿。然后在含金黄色葡萄球菌、大肠埃希菌的培养皿加入已熔化好的 50℃左右胰酪大豆胨琼脂培养基；在含酵母菌的培养皿中加入熔化好的 50℃左右沙氏葡萄糖琼脂培养基，混匀，凝固后备用。

（2）浸药　将灭菌滤纸片分别浸入表 7-2 所示的各种不同浓度防腐剂溶液中，取出，用粗滤纸吸干多余溶液。

表 7-2　各种不同浓度供试药液

供试药液	浓度	
咪唑烷基脲	3.6%	1.8%
甲基异噻唑啉酮	0.2%	0.05%
DMDM 乙内酰脲	9.6%	4.8%
生理盐水	0.9%	

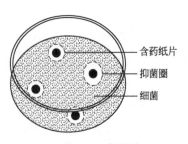

图 7-23　纸片法

（3）放置防腐剂滤纸片　用无菌镊子取滤纸片，轻轻放在已凝固的混菌平板上，使滤纸与平板紧密接触，每个平板上均匀放置四种不同供试药液滤纸片各一片（如图 7-23）。

（4）培养　金黄色葡萄球菌、大肠埃希菌混合平板置于 30～35℃培养不超过 3 天，酵母菌置 20～25℃培养不超过 5 天，观察滤纸片周围微生物生长情况，测量抑菌圈大小（mm），比较不同防腐剂的防腐效力。

2. 液体培养基连续稀释法

（1）防腐剂试液制备　取适量的 DMDM 乙内酰脲加蒸馏水配制成浓度是

9.6%的防腐剂原液,备用。

(2) 试验菌液的制备 取金黄色葡萄球菌 30～35℃下 18～24h 胰酪大豆胨液体培养物,用 pH7.0 无菌氯化钠-蛋白胨缓冲液稀释成≤100CFU/mL,即为试验菌液。

(3) 防腐剂稀释液的制备及菌液接种 取无菌试管 (13mm×100mm) 10 支,编号排成一排,1～9 每管加入试验菌液 1.0mL,第 10 管加入无菌胰酪大豆胨液体培养基 1.0mL 作为空白对照管。

在第 1 管内再加入 1.0mL 9.6%DMDM 乙内酰脲药物原液,混匀;从第 1 管吸取 1.0mL 溶液至第 2 管,混匀;再从第 2 管吸取 1.0mL 至第 3 管,如此连续两倍稀释至第 8 管,并从第 8 管中吸取 1.0mL 弃去。第 9 管为不加防腐剂的生长对照。

第 1 管至第 9 管防腐剂浓度分别为 4.8%、2.4%、1.2%、0.6%、0.3%、0.15%、0.075%、0.0375%、0 (表 7-3)。

表 7-3 液体培养基连续稀释法

试管编号	1	2	3	4	5	6	7	8	9(生长对照)	10(空白对照)
无菌培养基/mL	—	—	—	—	—	—	—	—	—	1.0
试验菌液/mL	1.0	1.0	1.0	1.0	1.0	1.0	1.0	1.0	1.0	—
DMDM 乙内酰脲浓度/%	4.8	2.4	1.2	0.6	0.3	0.15	0.075	0.0375	0	0

注:特别注意第 1、第 8 管的加液。

(4) 培养 将上述所有试管置于 20～25℃培养不超过 5 天,观察结果并求出 DMDM 乙内酰脲的 MIC。

五、注意事项

1. 每次取防腐剂滤纸片前,一定要清洗镊子并适当灼烧灭菌。

2. 在含菌平板上放置纸片要紧密贴紧,避免孔隙和卷边,但注意不要压破培养基。

3. 进行防腐剂溶液稀释时,每进行一次稀释要更换吸量管,以免影响防腐剂浓度。

六、思考题

1. 化妆品中常用的防腐剂有哪些?

2. 影响抑菌试验的因素有哪些?

实验八　化妆品中细菌、真菌菌落总数的测定

一、实验目的

1.掌握化妆品中细菌、真菌菌落总数检验的程序与方法；
2.了解化妆品细菌、真菌菌落总数检验的实际意义；
3.能够规范书写检验原始记录及检验报告书。

二、实验原理

细菌（或真菌）总数系指 1g 或 1mL 化妆品样品中所含的活细菌（或活真菌）数量。测定细菌、真菌菌落总数可用来判明化妆品被污染的程度，以及生产单位所用的原料、工具设备、工艺流程、操作者的卫生状况，是对化妆品进行卫生学评价的综合依据。

《化妆品安全技术规范》（2015 年版）规定细菌、真菌菌落总数采用平板计数法测定。

平板计数法：以无菌操作方法，用灭菌吸管吸取 1mL 充分混匀的待检化妆品稀释液，注入无菌培养皿内，倾注已熔化并冷却到 45～50℃的卵磷脂、吐温-80营养琼脂（测定细菌）或虎红琼脂（测定真菌），并立即旋摇平板，使化妆品与培养基充分混匀。每种培养基的每个稀释级应倾注两个平板，同时用另一只倾注培养基的平板作为空白对照。待琼脂冷却凝固后，倒置平板，使底面向上，营养琼脂平板置（36±1）℃，培养（48±2）h，虎红平板置（28±2）℃，培养 5d，进行菌落计数。平板上的菌落数（每个菌落代表一个原始菌）乘以稀释倍数即为 1g 或 1mL 化妆品样品中所含的活菌数，以菌落数目的多少判断化妆品被污染的程度。

化妆品中污染的微生物种类不同，每种微生物都有它一定的生理特性，培养时对营养要求、培养温度、培养时间、pH 值、需氧性质等均有所不同。在实际工作中，不可能做到一种培养条件都能满足所有菌的培养要求，因此所测定的结果，只包括在本方法使用的条件下。细菌，卵磷脂、吐温-80 营养琼脂上，于（36±1）℃培养（48±2）h；真菌，虎红琼脂培养基，于（28±2）℃，培养 5 天能生长的菌数。

检验程序如图 7-24 所示。

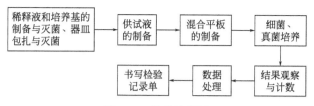

图 7-24　检验流程图

三、实验仪器、设备与试剂

1. 仪器与设备

锥形瓶、100mL 量筒、15mm×150mm 试管、直径 9cm 培养皿、10mL 和 1.0mL 吸量管、酒精灯、玻棒、精密 pH 试纸、放大镜、天平、棉塞、棉绳、牛皮纸、电热套、记号笔、火柴、高压蒸汽灭菌器、恒温培养箱。

2. 培养基与试剂

卵磷脂、吐温 80-营养琼脂培养基、0.5％氯化三苯四氮唑（TTC）、虎红培养基、氯化钠、氯霉素、1.0mol/L 氢氧化钠、1.0mol/L 盐酸、蒸馏水，以上涉及化学试剂均用化学纯规格。

3. 供试品

化妆水。

四、实验流程

1. 配制稀释液、培养基及包扎相关器具

（1）稀释液——生理盐水

成分：氯化钠 8.5g、蒸馏水 1000mL。

制法：每组配制 120mL，按比例取上述各成分混合，溶解后，分装到加玻璃珠的三角瓶内，90mL/瓶，另分装 2 支试管，9mL/支，包扎，103.43kPa，121℃，20min，高压蒸汽灭菌。

（2）卵磷脂、吐温 80-营养琼脂培养基

成分：卵磷脂、吐温 80-营养琼脂粉末 48g、蒸馏水 1000mL。

制法：每组配制 100mL，按比例取上述各成分，加热溶解后补水调 pH 值为 7.1～7.4，分装到锥形瓶，103.43kPa，121℃，20min 高压蒸汽灭菌，备用。

（3）0.5％氯化三苯四氮唑

成分：TTC 0.5g、蒸馏水 100mL。

溶解后过滤，103.43kPa，121℃，20min 高压蒸汽灭菌，装于棕色试剂瓶，置 4℃冰箱保存备用。

（4）虎红（孟加拉红）培养基

成分：虎红（孟加拉红）培养基粉末 36.5g、蒸馏水 1000mL。

制法：每组配制 100mL，按比例取上述各成分，将各成分（除虎红外）加入蒸馏水中溶解后，再加入虎红溶液，分装到锥形瓶，103.43kPa，121℃，20min 高压蒸汽灭菌。另用少量乙醇溶解氯霉素，过滤溶解后加入培养基中，若无氯霉素，使用时每 1000mL 加链霉素 30mg。

（5）仪器包扎

培养皿 13 套、1.0mL 吸量管 11 支、10mL 吸量管 1 支。

包扎好的物品、稀释液和培养基，写上记号，统一灭菌，备用。

2. 化妆品细菌菌落总数、真菌菌落总数测定——平板计数法

（1）制备供试液　无菌操作吸取供试品 10mL 加到 90mL 生理盐水中，充分振荡，使之溶解并混匀，即为 10^{-1} 供试液。取 10^{-1} 供试液 1mL，加入装有 9mL 无菌生理盐水的试管中，充分混匀，即为 10^{-2} 供试液，依此类推可制得 10^{-3} 供试液。取 10^{-1}、10^{-2} 和 10^{-3} 三个稀释级的供试液进行菌数测定。

（2）制备混合平板　用灭菌吸量管分别吸取 10^{-1}、10^{-2} 和 10^{-3} 的供试液各 1mL，置直径 90mm 的无菌培养皿中，注入约 15mL 熔化并冷却至 45～50℃的卵磷脂、吐温 80-营养琼脂培养基（细菌计数）或虎红培养基（真菌计数），混匀。待琼脂凝固后，细菌倒置于（36±1）℃恒温培养箱内，培养（48±2）h，真菌倒置于（28±2）℃，培养 5 天，进行菌落计数。每种培养基的每个稀释级至少制备 2 个平板，每种稀释度应更换 1 支吸量管。

（3）空白对照　另取一个灭菌空培养皿，加入约 15mL 卵磷脂、吐温 80-营养琼脂培养基，倒置于（36±1）℃恒温培养箱内，培养（48±2）h，作为空白对照（图 7-25）。

3. 菌落计数与结果判定

细菌培养（48±2）h，真菌培养 5 天计数，先用肉眼观察，点数菌落数，然后再用放大 5～10 倍的放大镜检查，以防遗漏。记下各平板的菌落数后，求出同一稀释度各平板生长的平均菌落数。若平板中有连成片状的菌落或花点样菌落蔓延生长时，该平板不宜计数。

若片状菌落不到平板中的一半，而其余一半中菌落数分布又很均匀，则可将此半个平板菌落计数后乘以 2，以代表全皿菌落数。若有霉菌蔓延生长，为避免影响其他霉菌和酵母菌的计数时，于（48±2）h 后及时将此平板取出计数。

点计菌落数后，按菌数报告规则（详见第五章第二节）报告菌数，填写原始

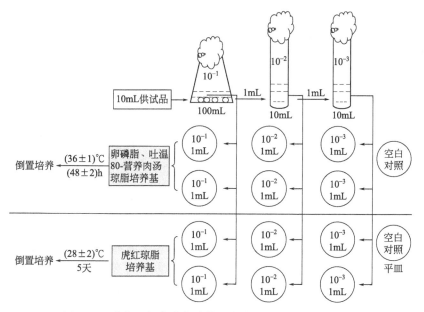

图 7-25　化妆品细菌菌落总数、真菌菌落总数检验示意图

记录单。参照《化妆品安全技术规范》（2015 年版）的标准。若菌落总数≤标准限值，则判定样品菌落总数检验符合规定，反之，判定样品菌落总数检验不符合规定。

五、注意事项

1. 检验过程应严格无菌操作。

2. 稀释供试品时要充分振荡摇匀，尽量使微生物细胞分散开，使每个微生物生成一个菌落，否则将会导致重大的技术误差。

3. 当用吸管从供试液加到另一支装有 9mL 空白稀释液的试管内时，应小心沿管壁加入，不要触及管内稀释液，以防吸管尖端外侧黏附的供试液混入其中。

4. 为防止细菌增殖及产生片状菌落，制成供试液后，应尽快稀释，注皿。一般稀释后应在 1h 内操作完毕。

5. 注意抑菌现象。由于防腐剂未被完全中和，往往使平板计数结果受影响，如低稀释度时菌落少，而高稀释度时菌落数反而增多。遇此情况应重复再做检验，以确定是防腐剂影响还是技术操作误差，对此种结果要慎重考虑。

6. 空白对照试验。为了检查和控制灭菌效果，在每次检测时应做空白对照，以检验所使用的物品是否已完全灭菌及检验过程中是否遵守无菌操作规程。

7. 化妆品一般由多种物质混合而成，在进行细菌测定前虽然经过处理，但有时还会存在极难溶解的颗粒，特别是粉类化妆品和某些膏霜类化妆品的 1∶10 的稀释液。化妆品在前处理时还会有气泡产生。颗粒和气泡容易与细菌菌落相混,很难区分,影响计数的准确性。为了避免与细菌菌落发生混淆,可作一个检样稀释液与琼脂混合的平板,不经培养放到4℃环境中,以便计数供试品菌落时用作对照。另一种防止化妆品颗粒与菌落混淆的方法是在培养基中加TTC(100mL卵磷脂、吐温80-营养琼脂中加入1mL 0.5%的TTC溶液)。培养后如系化妆品的颗粒、气泡等,不见变化;如为细菌,则生成红色菌落。TTC溶液要放冷暗处保存,以防受热与光照而发生分解。TTC溶液在使用前应在水浴中煮沸半小时。TTC是一种化学试剂,又是一种抑菌剂,应注意它的剂量,用量过大会产生抑菌作用。

8.用于测定霉菌及酵母菌总数的常用培养基有三种,它们的优缺点如下:用改良察氏培养基测定霉菌及酵母菌总数时生长速度明显较慢;用沙氏培养基测定霉菌及酵母菌总数时所得回收菌数较少;用虎红(孟加拉红)培养基测定霉菌及酵母菌总数较理想,培养基配制简单,适合霉菌及酵母菌的生长,测得回收菌数准确,菌落出现较早、典型、清晰,虎红可使菌落染上颜色,易观察。

9.菌落形态的观察。霉菌在虎红平板上的菌落特征具有放射状或树枝状的菌丝,初形成时多无色透明,有明显的折光性,在较暗背景下,以透射光观察易于识别。少数生长在琼脂表面的菌落,起初时似如一小块水迹,需借助暗反射光才能看清。形成孢子的菌落多数有各种颜色,是鉴定的特征之一。酵母菌菌落多为圆形凸起,边缘整齐,表面光滑湿润,呈不透明乳脂状,乳白色或粉红色,少数表面粗糙或皱褶。有的菌落周边呈细分枝状,位于琼脂内的菌落可呈铁饼形、三角形及多角形。为避免漏掉菌落,观察菌落计数时,应用放大镜检查。

10.霉菌孢子多聚集成团,故在吸取各稀释度的供试液时,需要充分振摇或用吸管反复吹打,使孢子团分散开,并均匀混悬。有些霉菌如根霉、毛霉等,在培养皿内可蔓延生长而掩盖其他菌落,使计数非常困难,所以在培养过程中,须连续观察,在菌落长出后立即进行计数。霉菌在适宜条件下生长迅速,很快有孢子形成。因此,在观察时,不要反复翻转平板,以免先成熟的孢子落在培养基上萌发成新菌落,影响菌落计数的准确性。

11.注意恒温箱的湿度,一般湿度不低于70%,过湿霉菌会大量蔓延生长,过干则影响其生长发育。

12.在真菌培养基中可加入适当的抗生素,如青霉素、四环素或氯霉素等,以防因细菌生长而影响霉菌菌落的形成与计数。酵母菌与细菌菌落外观不易区别时,可涂片镜检。

六、思考题

1.在含化妆品稀释液的培养皿中加培养基时,培养基的温度为什么需控制在

45℃左右？

2.为什么要测定化妆品中的细菌、真菌总数？

实验九　化妆品中耐热大肠菌群的检验

一、实验目的

1.熟悉化妆品中耐热大肠菌群检验的原理；

2.掌握化妆品中耐热大肠菌群的检验方法；

3.学会分析检验结果，识别大肠菌群的特征；

4.能够规范书写检验原始记录及检验报告书。

二、实验原理

耐热大肠菌群是一群需氧及兼性厌氧革兰氏阴性无芽孢杆菌，在44.5℃培养24～48h能发酵乳糖产酸并产气，能在选择性培养基上产生典型菌落，能分解色氨酸产生靛基质。耐热大肠菌群不是细菌分类学上的名词，而是常用的一群卫生指示菌。该菌群包括大肠埃希菌属、克雷伯菌属、肠杆菌属等。

耐热大肠菌群细菌主要来源于人和温血动物的粪便，随粪便排出体外，可直接或间接污染环境、食物、饮用水、化妆品及药。若化妆品中检出耐热大肠菌群，表明该化妆品已被粪便污染，有可能存在其他肠道致病菌或寄生虫等病原体。因此耐热大肠菌群被列为化妆品卫生质量的重要的卫生指标菌。《化妆品安全技术规范》（2015年版）中规定每克或每毫升化妆品中不得检出耐热大肠菌群。耐热大肠菌群检查程序，见图7-26。

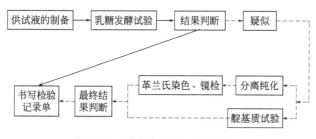

图 7-26　耐热大肠菌群检查程序

三、实验仪器、设备与试剂

1. 仪器与设备

锥形瓶、100mL 量筒、15mm×150mm 试管、直径 9cm 培养皿、10mL 和 1.0mL 吸量管、小倒管、载玻片、接种环、酒精灯、玻棒、精密 pH 试纸、天平、棉塞、棉绳、牛皮纸、电热套、记号笔、火柴、显微镜、高压蒸汽灭菌器、恒温培养箱。

2. 培养基与试剂

双倍乳糖胆盐（含中和剂）培养基、伊红-亚甲蓝琼脂培养基、蛋白胨水培养基、靛基质试剂、结晶紫染液、革兰氏碘液、95％乙醇、沙黄（或碱性复红、石炭酸）染液、1.0mol/L 盐酸、1.0mol/L 氢氧化钠、蒸馏水。以上涉及化学试剂均用化学纯规格。

3. 阳性对照菌

大肠埃希菌 ［CMCC（B）44102]。

4. 供试品

化妆水。

四、实验流程

1. 配制稀释液、培养基及包扎相关器皿

（1）稀释液——生理盐水

成分：氯化钠 8.5g、蒸馏水 1000mL。

制法：每组配制 90mL，按比例取上述各成分混合，溶解后，分装到加玻璃珠的三角瓶内，包扎，103.43kPa，121℃，20min，高压蒸汽灭菌。

（2）双倍乳糖胆盐（含中和剂）培养基

成分：蛋白胨 40g、猪胆盐 10g、乳糖 10g、0.4％溴甲酚紫水溶液 5mL、卵磷脂 2g、吐温 80 14g、蒸馏水 1000mL。

制法：每组配制 30mL，按比例取上述各成分混合，将卵磷脂、吐温 80 溶解到少量蒸馏水中，将蛋白胨、胆盐及乳糖溶解到其余的蒸馏水中，加到一起混匀，调 pH 到 7.4，加入 0.4％溴甲酚紫水溶液，混匀，分装 3 支试管，10mL/支（每支试管中加一个小倒管），包扎。68.95kPa，115℃，20min 高压蒸汽灭菌。

（3）伊红-亚甲蓝（EMB）琼脂培养基

成分：蛋白胨 10g、乳糖 10g、磷酸氢二钾 2g、琼脂 20g、2％伊红水溶液 20mL、0.5％亚甲蓝水溶液 13mL、蒸馏水 1000mL。

制法：每组配制 60mL，按比例取上述各成分混合，先将琼脂加到蒸馏水中，加热溶解，然后加入磷酸氢二钾、蛋白胨，混匀，使之溶解。校正 pH 值为 7.2～7.4，分装于锥形瓶内，103.43kPa，121℃，15min 高压蒸汽灭菌备用。临用时加入乳糖并加热熔化琼脂。冷至 60℃ 左右无菌操作加入灭菌的伊红-亚甲蓝溶液，摇匀。倾注培养皿备用。

(4) 蛋白胨水培养基（作靛基质试验用）

成分：蛋白胨（或胰蛋白胨）20g、氯化钠 5g、蒸馏水 1000mL。

制法：每组配制 15mL，按比例取上述各成分混合，加热熔化，调 pH 值为 7.0～7.2，分装小试管，5mL/支，103.43kPa，121℃，15min 高压蒸汽灭菌。

(5) 靛基质试剂

将 5g 对二甲氨基苯甲醛溶解于 75mL 戊醇中，然后缓慢加入浓盐酸 25mL。

(6) 革兰氏染色液

① 结晶紫染色液：结晶紫 1g、95％乙醇 20mL、1％草酸铵水溶液 80mL。

将结晶紫溶于乙醇中，然后与草酸铵溶液混合。

② 革兰氏碘液：碘 1g、碘化钾 2g，蒸馏水加至 300mL。

将碘与碘化钾先进行混合，加入蒸馏水少许，充分振摇，待完全溶解后，再加蒸馏水至 300mL。

③ 脱色液：95％乙醇。

④ 复染液：沙黄复染液或稀石炭酸复红液。

沙黄复染液：沙黄 0.25g、95％乙醇 10mL、蒸馏水 90mL。将沙黄溶解于乙醇中，然后用蒸馏水稀释。

稀石炭酸复红液：称取碱性复红 10g，研细，加 95％乙醇 100mL，放置过夜，滤纸过滤。取该液 10mL，加 5％石炭酸水溶液 90mL 混合，即为石炭酸复红液。再取此液 10mL 加水 90mL，即为稀石炭酸复红液。

(7) 包扎其他物品与准备

每组包扎 1.0mL、10mL 吸量管各 1 支，培养皿 3 个。

包扎好的物品、稀释液和培养基，做好记号，统一灭菌，备用。

2. 供试品检验

(1) 制备 10^{-1} 供试液　无菌操作吸取供试品 10mL 加到 90mL 生理盐水中，充分振荡，使之溶解并混匀，即为 10^{-1} 供试液。

(2) 乳糖发酵试验　取 10mL 10^{-1} 供试液，加到 10mL 双倍乳糖胆盐（含中和剂）培养基中，置（44.5±0.5）℃ 培养箱中培养 24h，如不产酸也不产气，则报告为化妆品未检出耐热大肠菌群。

① 阳性对照　取 10mL 10^{-1} 供试液和大肠埃希菌对照菌液 1.0mL 加到 10mL 双倍乳糖胆盐培养基中，做阳性对照。阳性对照试验应长菌。

② 阴性对照　取生理盐水稀释液 10mL 加入 10mL 双倍乳糖胆盐培养基中，做阴性对照。阴性对照试验应不长菌。

（3）分离培养　如乳糖发酵试验产酸产气，则将上述培养液划线接种到伊红-亚甲蓝琼脂平板上，置（36±1）℃培养 18～24h。同时取该培养液 1～2 滴接种到蛋白胨水培养基中，置（44.5±0.5）℃培养（24±2）h。同时进行阳性对照试验和阴性对照试验。

经培养后，在上述平板上观察有无典型菌落生长。耐热大肠菌群在伊红-亚甲蓝琼脂培养基上的典型菌落呈深紫黑色，圆形，边缘整齐，表面光滑湿润，常具有金属光泽。也有的呈紫黑色，不带或略带金属光泽，或粉紫色，中心较深的菌落，亦常为耐热大肠菌群，应注意挑选。

（4）革兰氏染色　挑取上述可疑菌落，涂片后进行革兰氏染色镜检。耐热大肠菌群为革兰氏阴性无芽孢杆菌。

（5）靛基质试验　在蛋白胨水培养液中，加入靛基质试剂约 0.5mL，观察靛基质反应。阳性反应液面呈玫瑰红色，阴性反应液面呈试剂本色。

3. 检验结果报告

根据发酵乳糖产酸产气，平板上有典型菌落，并经证实为革兰氏阴性短杆菌，靛基质试验阳性，则可报告化妆品中检出耐热大肠菌群。填写检查原始记录单。

五、思考题

1. 为什么要对化妆品进行耐热大肠菌群检验？

2. 进行耐热大肠菌群检验有必要平行做阳性对照试验和阴性对照试验吗？为什么？

实验十　化妆品中铜绿假单胞菌的检验

一、实验目的

1. 熟悉化妆品中铜绿假单胞菌检验的原理；

2. 掌握化妆品中铜绿假单胞菌的检验方法；

3. 学会分析检验结果，识别铜绿假单胞菌的特征；

4.能够规范书写检验原始记录及检验报告书。

二、实验原理

铜绿假单胞菌（*Pseudomonas aeruginosa*）俗称绿脓杆菌，属于假单胞菌属，为革兰氏阴性杆菌，氧化酶阳性，能产生绿脓菌素。此外还能液化明胶，还原硝酸盐为亚硝酸盐，在（42±1）℃条件下能生长，这些特性可用于铜绿假单胞菌的鉴别。

铜绿假单胞菌广泛分布在土壤、水及空气，人和动物的皮肤、肠道、呼吸道等处，可通过环境和生产的各个环节污染化妆品。本菌是常见的化脓性感染菌，可使伤处化脓，引起败血症等严重疾病。由于本菌对许多抗菌药物具有天然的耐药性，增加了治疗难度，故国内外均将铜绿假单胞菌检验列为外用制剂的检验项目之一。2015年版《化妆品安全技术规范》中也规定每克或每毫升化妆品中不得检出铜绿假单胞菌。铜绿假单胞菌检查程序如图7-27所示。

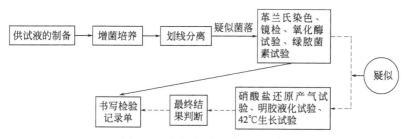

图 7-27　铜绿假单胞菌检查程序

三、实验仪器、设备与试剂

1. 仪器与设备

锥形瓶、100mL量筒、15mm×150mm试管、直径9cm培养皿、10mL和1.0mL吸量管、载玻片、接种环、酒精灯、玻棒、精密pH试纸、天平、棉塞、棉绳、牛皮纸、电热套、记号笔、火柴、显微镜、高压蒸汽灭菌器、恒温培养箱。

2. 培养基与试剂

SCDLP液体培养基、十六烷基三甲基溴化铵琼脂培养基、绿脓菌素测定用培养基、明胶培养基、硝酸盐蛋白胨水培养基、营养琼脂培养基、1%二甲基对苯二胺试液、氯仿溶液、结晶紫染液、革兰氏碘液、95%乙醇、沙黄（或碱性复红、石炭酸）染液、1.0mol/L盐酸、1.0mol/L氢氧化钠、蒸馏水。以上涉及化学试剂均用化学纯规格。

3. 阳性对照菌

铜绿假单胞菌〔CMCC(B)10104〕。

4. 供试品

化妆水。

四、实验流程

1. 配制稀释液、培养基及包扎相关器皿

（1）稀释液——生理盐水

成分：氯化钠 8.5g、蒸馏水 1000mL。

制法：每组配制 90mL，按比例取上述各成分混合，溶解后，分装到加玻璃珠的锥形瓶内，包扎，103.43kPa，121℃，20min，高压蒸汽灭菌。

（2）SCDLP 液体培养基

成分：酪蛋白胨 17g、大豆蛋白胨 3g、氯化钠 5g、磷酸氢二钾 2.5g、葡萄糖 2.5g、卵磷脂 1g、吐温 80 7g、蒸馏水 1000mL。

制法：每组配制 300mL，按比例取上述各成分混合，将先将卵磷脂在少量蒸馏水中加温溶解后，再与其他成分混合，加热溶解，调 pH 为 7.2～7.3 分装锥形瓶，90mL/瓶，包扎，103.43kPa，121℃，20min 高压蒸汽灭菌。注意振荡，使沉淀于底层的吐温 80 充分混合，冷却至 25℃左右使用。

（3）十六烷基三甲基溴化铵琼脂培养基

成分：牛肉膏 3g、蛋白胨 10g、氯化钠 5g、十六烷基三甲基溴化铵 0.3g、琼脂 20g、蒸馏水 1000mL。

制法：每组配制 60mL，按比例取上述各成分混合，加热溶解，调 pH 为 7.4～7.6，68.95kPa，115℃，20min，高压蒸汽灭菌，制成平板备用。

（4）乙酰胺琼脂培养基（可替代十六烷基三甲基溴化铵琼脂培养基）

成分：乙酰胺 10.0g、氯化钠 5.0g、无水磷酸氢二钾 1.39g、无水磷酸二氢钾 0.73g、硫酸镁（$MgSO_4 \cdot 7H_2O$）0.5g、酚红 0.012g、琼脂 20g、蒸馏水 1000mL。

制法：每组配制 60mL，按比例取上述各成分，除琼脂和酚红外，将其他成分加到蒸馏水中，加热溶解，调 pH 为 7.2，加入琼脂、酚红，103.43kPa，121℃，20min 高压蒸汽灭菌后，制成平板备用。

（5）绿脓菌素测定用培养基

成分：蛋白胨 20g、氯化镁 1.4g、硫酸钾 10g、琼脂 18g、甘油（化学纯）10g、蒸馏水 1000mL。

制法：每组配制 50mL，按比例取上述各成分，蛋白胨、氯化镁和硫酸钾加到蒸馏水中，加温使其溶解，调 pH 至 7.4，加入琼脂和甘油，加热溶解，分装于 3 支试管内，15mL/支，包扎，68.95kPa，115℃，20min，高压蒸汽灭菌，制成斜面备用。

（6）明胶培养基

成分：牛肉膏 3g、蛋白胨 5g、明胶 120g、蒸馏水 1000mL。

制法：每组配制 50mL，按比例取上述各成分，加到蒸馏水中浸泡 20min，随时搅拌加温使之溶解，调 pH 至 7.4，分装于 3 支试管内，15mL/支，包扎，经 68.95kPa，115℃，20min，高压蒸汽灭菌，直立制成高层，置 4℃ 冰箱保存，备用。

（7）硝酸盐蛋白胨水培养基

成分：蛋白胨 10g、酵母浸膏 3g、硝酸钾 2g、亚硝酸钠 0.5g、蒸馏水 1000mL。

制法：每组配制 50mL，按比例取上述各成分，蛋白胨和酵母浸膏加到蒸馏水中，加热使之溶解，调 pH 为 7.2，煮沸过滤后补足液量，加入硝酸钾和亚硝酸钠，溶解混匀，分装于 3 支试管内，10mL/支，试管中加一小倒管，包扎，68.95kPa，115℃，20min，高压蒸汽灭菌，备用。

（8）营养琼脂斜面培养基

成分：蛋白胨 10g、牛肉膏 3g、氯化钠 5g、琼脂 15g、蒸馏水 1000mL。

制法：每组配制 50mL，按比例取上述各成分，除琼脂外，其余成分溶解于蒸馏水中，调 pH 为 7.2～7.4，加入琼脂，加热溶解，分装试管，103.43kPa，121℃，20min 高压蒸汽灭菌后，制成斜面备用。

（9）革兰氏染色液

配制方法见实验九。

（10）其他物品包扎与准备

每组包扎 1mL、10mL 吸量管各 1 支，培养皿 3 个。

包扎好的物品、稀释液和培养基，做好记号，统一灭菌，备用。

2. 化妆品检验

（1）制备 10^{-1} 供试液

无菌操作吸取供试品 10mL 加到 90mL 生理盐水中，充分振荡，使之溶解并混匀，即为 10^{-1} 供试液。

（2）增菌培养

取 10^{-1} 供试液 10mL 加到 90mL SCDLP 液体培养基中，置（36±1）℃培养 18～24h。如有铜绿假单胞菌生长，培养液表面多有一层薄菌膜，培养液常呈黄绿色或蓝绿色。

① 阳性对照　取 10^{-1} 供试液 10mL 和铜绿假单胞菌对照菌液 1.0mL 加到 90mL SCDLP 液体培养基中，做阳性对照。阳性对照试验应长菌。

② 阴性对照　取生理盐水稀释液 10mL 加入 90mL SCDLP 液体培养基中，做阴性对照。阴性对照试验应不长菌。

（3）分离培养

从上述培养液的薄膜处挑取培养物，划线接种在十六烷基三甲基溴化铵琼脂平板上，置（36±1）℃培养 18～24h。在此平板上，铜绿假单胞菌菌落扁平无定型，向周边扩散或略有蔓延，表面湿润，菌落呈灰白色，菌落周围培养基常扩散有水溶性色素。此培养基选择性强，大肠埃希菌不能生长，革兰氏阳性菌生长较差。

在缺乏十六烷基三甲基溴化铵琼脂时也可用乙酰胺培养基进行分离，将培养液划线接种于平板上，置（36±1）℃培养（24±2）h。铜绿假单胞菌在此培养基上生长良好，菌落扁平，边缘不整，菌落周围培养基略带粉红色，其他菌不生长。

（4）革兰氏染色

挑取上述可疑菌落，涂片后进行革兰氏染色镜检。镜检为革兰氏阴性者应进行氧化酶试验和绿脓菌素试验。

（5）氧化酶试验和绿脓菌素试验

① 氧化酶试验　取一小块洁净无菌的白色滤纸片放在灭菌培养皿内，用无菌玻璃棒挑取分离平板上可疑菌落涂在滤纸片上，然后在其上滴加一滴新配制的 1% 二甲基对苯二胺试液。在 15～30s 之内，出现粉红色或紫红色时，为氧化酶试验阳性；若培养物不变色，为氧化酶试验阴性。

② 绿脓菌素试验　取分离平板可疑菌落 2～3 个，分别接种在绿脓菌素测定培养基上，置（36±1）℃培养（24±2）h 后，加入氯仿 3～5mL，充分振荡使培养物中的绿脓菌素溶解于氯仿液内。待氯仿提取液呈蓝色时，用吸管将氯仿移到另一试管中并加入 1mol/L 的盐酸 1mL 左右，振荡后，静置片刻。如上层盐酸液内出现粉红色到紫红色时为阳性，表示被检物中有绿脓菌素存在。

若革兰氏染色为阴性，氧化酶试验阳性，绿脓菌素试验阴性，则需进行以下试验。

（6）纯培养

取分离平板可疑菌落接种于营养琼脂斜面培养基中，置（36±1）℃培养（24±2）h。

（7）生化鉴定试验

① 硝酸盐还原产气试验　挑取可疑的铜绿假单胞菌纯培养物，接种在硝酸盐蛋白胨水培养基中，置（36±1）℃培养（24±2）h，观察结果。凡在硝酸盐蛋白胨水培养基内的小倒管中有气体者，即为阳性，表明该菌能还原硝酸盐，并将亚硝

酸盐分解产生氮气。

② 明胶液化试验　取铜绿假单胞菌可疑菌落的纯培养物，穿刺接种在明胶培养基内，置（36±1）℃培养（24±2）h，取出放冰箱10～30min，如仍呈溶解状或表面溶解时即为明胶液化试验阳性，如凝固不溶者为阴性。

③ 42℃生长试验　挑取可疑的铜绿假单胞菌纯培养物，接种在普通琼脂斜面培养基上，放在（42±1）℃培养箱中，培养24～48h，铜绿假单胞菌能生长，为阳性，而近似的荧光假单胞菌则不能生长。

3. 检验结果报告

供试品经增菌分离培养后，经证实为革兰氏阴性杆菌，氧化酶及绿脓菌素试验皆为阳性者，即可报告被检样品中检出铜绿假单胞菌；如绿脓菌素试验阴性而液化明胶、硝酸盐还原产气和42℃生长试验三者皆为阳性时，仍可报告被检样品中检出铜绿假单胞菌。填写检查原始记录单。

五、思考题

1. 为什么要对化妆品进行铜绿假单胞菌检验？

2. 进行铜绿假单胞菌检验时有必要平行做阳性对照试验和阴性对照试验吗？为什么？

实验十一　化妆品中金黄色葡萄球菌的检验

一、实验目的

1. 熟悉化妆品中金黄色葡萄球菌检验的原理；

2. 掌握化妆品中金黄色葡萄球菌的检验方法；

3. 学会分析检验结果，识别金黄色葡萄球菌的特征；

4. 能够规范书写检验原始记录及检验报告书。

二、实验原理

金黄色葡萄球菌（Staphylococcus aureus）为革兰氏阳性球菌，呈葡萄状排列，无芽孢，无荚膜，能分解甘露醇，血浆凝固酶阳性，利用这些特性可进行金黄色葡萄球菌的鉴别。

金黄色葡萄球菌广泛分布在土壤、水、空气及物品上，人和动物的皮肤及与外界相通的腔道也常有本菌存在。该菌可产生多种毒素和酶，是葡萄球菌中对人类致病力最强的一种，能引起局部及全身化脓性炎症，严重时可发展为败血症和脓毒血症，是人类化脓性感染中的重要病原菌。2015 年版《化妆品安全技术规范》中规定每克或每毫升化妆品中不得检出金黄色葡萄球菌。金黄色葡萄球菌检查程序如图 7-28。

图 7-28　金黄色葡萄球菌检查程序

三、实验仪器、设备与试剂

1. 仪器与设备

锥形瓶、100mL 量筒、15mm×150mm 试管、直径 9cm 培养皿、吸量管（10mL、5.0mL、1.0mL）、载玻片、接种环、酒精灯、玻棒、精密 pH 试纸、天平、棉塞、棉绳、牛皮纸、电热套、记号笔、火柴、显微镜、高压蒸汽灭菌器、恒温培养箱、离心机。

2. 培养基与试剂

SCDLP 液体培养基、Baird Parker 琼脂培养基、甘露醇发酵培养基、血琼脂培养基、营养肉汤培养基、结晶紫染液、革兰氏碘液、95%乙醇、沙黄（或碱性复红、石炭酸）染液、液体石蜡、新鲜血浆、1.0mol/L 盐酸、1.0mol/L 氢氧化钠、蒸馏水。以上涉及化学试剂均用化学纯规格。

3. 阳性对照菌

金黄色葡萄球菌〔CMCC(B)26003〕。

4. 供试品

化妆水。

四、实验流程

1. 配制稀释液、培养基及包扎相关器皿

（1）稀释液——生理盐水

成分：氯化钠 8.5g、蒸馏水 1000mL。

制法：每组配制 90mL，按比例取上述各成分混合，溶解后，分装到加玻璃珠的锥形瓶内，90mL/瓶，包扎，103.43kPa，121℃，20min，高压蒸汽灭菌。

（2）SCDLP 液体培养基

见实验十。

（3）7.5％的氯化钠肉汤（可替代 SCDLP 液体培养基）

成分：蛋白胨 10g、牛肉膏 3g、氯化钠 75g，蒸馏水加至 1000mL。

制法：每组配制 90mL，按比例取上述各成分混合溶解，调 pH 为 7.4，分装，103.43kPa，121℃，15min 高压蒸汽灭菌。

（4）Baird Parker 琼脂培养基（平板）

成分：胰蛋白胨 10g、牛肉膏 5g、酵母浸膏 1g、丙酮酸钠 10g、甘氨酸 12g、氯化锂（$LiCl \cdot 6H_2O$）5g、琼脂 20g、蒸馏水 950mL。pH7.0±0.2。

制法：每组配制 48mL，按比例取上述各成分混合，加到蒸馏水中，加热煮沸完全溶解，冷却至（25±1）℃校正 pH。分装，103.43kPa，121℃，15min，高压蒸汽灭菌。临用时加热熔化琼脂，每 48mL 加入预热至 50℃左右的卵黄亚碲酸钾增菌剂 2mL，摇匀后倾注平板。培养基应是致密不透明的。使用前在冰箱贮存不得超过（48±2）h。

增菌剂的配制：30％卵黄盐水 50mL 与除菌过滤的 1％亚碲酸钾溶液 10mL 混合，保存于冰箱内。

（5）血琼脂培养基

成分：营养琼脂 100mL、脱纤维羊血（或兔血）10mL。

制法：每组配制 20mL，按比例取营养琼脂加热熔化，待冷至 50℃左右无菌操作加入脱纤维羊血（或兔血），摇匀，制成平板，置冰箱内备用。

（6）甘露醇发酵培养基

成分：蛋白胨 10g、氯化钠 5g、甘露醇 10g、牛肉膏 5g、0.2％麝香草酚蓝溶液 12mL、蒸馏水 1000mL。

制法：每组配制 30mL，按比例取上述各成分混合，加热溶解，调 pH7.4，混匀后分装试管中，68.95kPa，115℃，20min，高压蒸汽灭菌备用。

（7）兔（人）血浆制备

取 3.8％柠檬酸钠溶液，103.43kPa，121℃，30min 高压灭菌，1 份加兔（人）全血 4 份，混匀静置；2000～3000r/min 离心 3～5min。血细胞下沉，取上面血浆。

（8）革兰氏染色液

见实验九。

（9）其他物品包扎与准备

每组包扎 1mL 吸量管 1 支、10mL 吸量管 1 支、培养皿 3 个。

包扎好的物品、稀释液和培养基，做好记号，统一灭菌，备用。

2. 化妆品检验

（1）制备 10^{-1} 供试液　无菌操作吸取供试品 10mL 加到 90mL 生理盐水中，充分振荡，使之溶解并混匀，即为 10^{-1} 供试液。

（2）增菌培养　取 10^{-1} 供试液 10mL 接种到 90mL SCDLP 液体培养基（如无此培养基也可用 7.5％氯化钠肉汤）中，置（36±1）℃培养箱，培养（24±2）h。

① 阳性对照　取 10^{-1} 供试液 10mL 和金黄色葡萄球菌菌液 1.0mL 加到 90mL SCDLP 液体培养基中，做阳性对照。阳性对照试验应长菌。

② 阴性对照　取生理盐水稀释液 10mL 加入 90mL SCDLP 液体培养基中，做阴性对照。阴性对照试验应不长菌。

（3）分离培养　取上述增菌培养液 1～2 接种环，划线接种在 Baird Parker 琼脂平板，如无此培养基也可划线接种到血琼脂平板，置（36±1）℃培养 48h。在血琼脂平板上菌落呈金黄色，大而凸起，圆形，不透明，表面光滑，周围有溶血圈。在 Baird Parker 培养基上为圆形，光滑，凸起，湿润，直径为 2～3mm，颜色呈灰色到黑色，边缘为淡色，周围为一混浊带，在其外层有一透明带。用接种针接触菌落似有奶油树胶的软度。偶然会遇到非脂肪溶解的类似菌落，但无混浊带及透明带。

（4）纯培养　挑取上述分离平板上可疑菌落划线接种至血琼脂平板上，置（36±1）℃培养（24±2）h。同时挑取上述分离平板上可疑菌落划线接种至营养肉汤培养基中，置（36±1）℃培养（24±2）h。

（5）革兰氏染色　挑取上述血琼脂平板上的纯培养物，涂片后进行革兰氏染色镜检。金黄色葡萄球菌为革兰氏阳性菌，排列成葡萄状，无芽孢，无荚膜，致病性葡萄球菌，菌体较小，直径为 0.5～1μm。

（6）甘露醇发酵试验　取上述血琼脂平板上的纯培养物接种到甘露醇发酵培养基中，在培养基液面上加入 2～3mm 的灭菌液体石蜡，置（36±1）℃培养（24±2）h，金黄色葡萄球菌应能发酵甘露醇产酸。

（7）血浆凝固酶试验　吸取 1∶4 新鲜血浆 0.5mL，放入灭菌小试管中，营养肉汤（24±2）h 培养物 0.5mL，混匀，放（36±1）℃恒温箱或恒温水浴中，每半小时观察一次，6h 之内如呈现凝块即为阳性。同时以已知血浆凝固酶阳性和阴性菌株营养肉汤培养物及营养肉汤培养基各 0.5mL，分别加入灭菌 1∶4 血浆 0.5mL，混匀，作为对照。

3. 检验结果报告

凡在上述选择分离平板上有可疑菌落生长，经染色镜检，证明为革兰氏阳性葡萄球菌，并能发酵甘露醇产酸，血浆凝固酶试验阳性者，可报告被检样品检出金黄色葡萄球菌。填写检查原始记录单。

五、思考题

1. 为什么要检查化妆品中的金黄色葡萄球菌？

2. 进行金黄色葡萄球菌检验时有必要平行做阳性对照试验和阴性对照试验吗？为什么？

附　录

附录 1　实训室规则

为了保证每个实训项目顺利、准确、安全进行，实训人员必须遵守下列规则：

一、实训前应详细预习实训内容，熟悉实训目的、原理、方法、实训内容与当前学习理论内容的相关性，注意复习或预习这部分内容。

二、遵守课堂纪律，不迟到，不早退，不准穿拖鞋进入实训室，长发需用皮筋束好，以防意外。提前 5 分钟穿好实训服进入实训室，保持室内安静，不要大声喧哗，尽量减少不必要的走动，以免影响他人实训。

三、微生物实训室主要以微生物为实训材料，为防止扩散污染，非必要物品禁止带入室内，严禁在实训室内饮食、吸烟。

四、保持实训室环境和仪器的清洁。实训前详细检查仪器和试剂是否齐全。试剂、瓶塞不能乱放，实训台面上的物品放置应有条不紊，用过与未用过的要分开摆放。

五、实训过程中，要听从教师的指导，记下重点，按操作规程进行实训。要坚持实事求是的科学作风，细心观察和分析实训中出现的各种现象，实训数据和现象应随时如实记录在专用的实训记录本上，并注意与同组同学配合。

六、公用仪器、药品用后放回原处。不得用个人的吸管量取公用药品，多取的药品不得重新倒回原试剂瓶内。公用试剂瓶的瓶塞要随开随盖，不得混淆。

七、爱护仪器设备，节约试剂。使用玻璃仪器时，要小心轻放，以免破损。发现丢失或损坏仪器必须向实训员或教师报告，按章处理。

八、加热或倾倒液体时，切勿俯视容器，以防液滴飞溅，造成伤害事故。

九、使用易燃易爆试剂，一定要远离火源。

十、注意安全，防止人身和设备事故的发生。若发生事故应立即切断电源，及时向指导教师报告，学生不得自行处理，待指导教师查明原因排除故障后，方可继续实训。

十一、实训后的残渣、废液，应倒入指定容器内，有菌培养物应倒在指定容器中灭菌后倒掉，其他有菌容器、仪器用后也应经过相应的消毒处理。

十二、实训完毕后，应将试剂排列整齐，仪器洗净放回原处，并将实训台面抹擦干净，请教师检查仪器设备、实训试剂、材料及实训记录情况，经教师同意后，洗干净手方可离开实训室。

十三、实训完成后要撰写实训报告，并按照教师规定的时间上交。

十四、值日生应在实训结束后，做好室内的清洁工作，关好门窗、水电，方可离开。

附录 2　实训意外事故的急救处理

一、火险处理

一般火险，应立即关闭电闸、煤气，使用灭火器、沙土和湿布灭火；酒精、乙醚或汽油等着火，使用灭火器或湿布覆盖，慎勿以水灭火；衣服着火可就地或靠墙滚转灭火。

二、割伤急救

用消毒棉棒或纱布把伤口清理干净，小心取出伤口中的玻璃或固体物，涂以碘酒或红汞。若伤口比较严重，出血较多时，可在伤口上部扎上止血带，用消毒纱布盖住伤口，立即送医院治疗。

三、烫伤和烧伤的急救

火伤可涂 5％鞣酸、2％苦味酸或苦味酸铵苯甲酸丁酯油膏，或龙胆紫液等。

较严重的烫伤或烧伤，不要弄破水泡，以防感染，要用消毒纱布轻轻包扎伤处立即送医院治疗。

四、化学灼伤的急救

强酸、溴、氯、磷等酸性药品灼伤，先以大量清水冲洗（浓硫酸例外），再用5%重磷酸钠或氢氧化铵溶液冲洗以中和酸；强碱、金属钠和钾等碱性药品灼伤，先以大量清水冲洗，再用5%硼酸溶液或醋酸溶液冲洗以中和碱。

五、试剂溅入眼处理

任何情况下都要先冲洗，立即睁大眼睛，用流动清水反复冲洗，冲洗时间一般不得少于15分钟，急救后送医院治疗。

六、中毒的急救

腐蚀性物质溅入口中尚未咽下者应立即吐出，用大量水漱口。如已吞下，应根据毒性物质给以解毒剂。食入酸，立即以大量清水漱口，并服镁乳或牛乳等，勿服催吐剂；食入碱，立即以大量清水漱口，并服以5%醋酸、食醋、柠檬汁、油类或脂肪；食入石炭酸或来苏水，用40%乙醇漱口，并喝大量烧酒，再服用催吐剂使其吐出。

七、活菌污染处理

实训时，若不慎将菌液吸入口中，或发生了污染衣物、桌（地）面等事故，应立即报告指导老师，及时处理。菌液入口应立即吐入消毒缸内，再以大量清水或0.1%高锰酸钾液漱口，根据毒性大小，酌情采取措施。手、衣物、桌（地）面污染活菌，可用3%来苏尔消毒液清洗、浸泡处理。

总之，实训室一般伤害事故必须在现场进行急救和处理，切忌未经任何处理就送医院；实训室应备有急救箱，内置一些常用药品（如龙胆紫、红汞、甘油、烫伤油膏、消毒剂等）及医疗器具（如绷带、纱布、棉花、医用镊子、剪刀等）。

参考文献

[1] 孙春燕.微生物与免疫学.北京：化学工业出版社，2018.

[2] 蔡凤.微生物学与免疫学.北京：科学出版社，2015.

[3] 王艳萍，赵虎山.化妆品微生物学.北京：中国轻工业出版社，2002.

[4] 黄儒强.化妆品生产良好操作规范实施指南.北京：化学工业出版社，2009.

[5] 李全国.最近化妆品卫生检验技术规范及质量监督管理实务全书.长春：吉林电子出版社，2005.

[6] 《化妆品安全技术规范》（2015 年版）.

[7] 《化妆品生产许可工作规范》（2015 年版）.

[8] 国家药典委员会.《中华人民共和国药典》（2020 年版）.北京：中国医药科技出版社，2020.

[9] 《化妆品检验规则》（2019 年版）.

[10] ISO14644-1—2015《洁净室及相关控制环境国际标准　第一部分　空气洁净度等级划分》.

[11] GB/T 16294—2010《医药工业洁净室（区）浮游菌、沉降菌测试方法》.

[12] GB/T 5950.12—2006《生活饮用水微生物标准检验方法微生物指标》.